RÉNÉ LEBLANC

[A]GRICULTURE au Certificat d'Études

QUESTIONS ET RÉPONSES

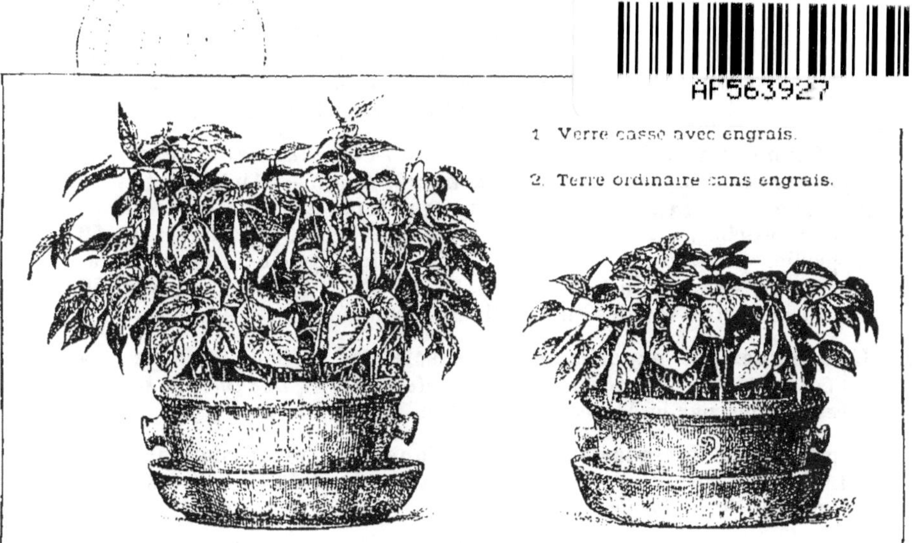

1. Verre cassé avec engrais.

2. Terre ordinaire sans engrais.

Livre du Maître

Paris — Librairie Larousse

Prix : 1 fr. 20

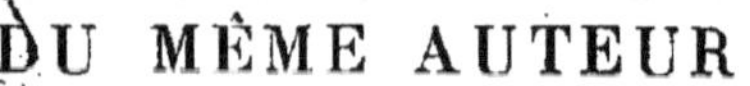

DU MÊME AUTEUR :

1878 à 1880. **Mémoires scientifiques industriels.** — Épaillage de la laine. — Étude des eaux de Reims. — Épuration des eaux calcaires. — Eau de Seltz ferrugineuse. — Variation du pouvoir éclairant du gaz de houille pendant le parcours de la canalisation. . . . . . . Épuisés.

1881. **Manipulations de chimie.** *Leçons pratiques :* 150 expériences de chimie minérale et organique; analyse qualitative résumée en 7 tableaux, d'après Balard, 10e *édition.* Épuisé et remplacé par l'ouvrage de M. A. Lapresté. In-12, cartonné toile . . . . **2 fr. »**
Librairie André fils, 6, rue Casimir-Delavigne, Paris, 6e.

Les Sciences physiques *à l'école primaire et dans les classes préparatoires :* LEÇONS DE CHOSES EXPÉRIMENTALES. — André fils.

1882. Ire partie. — 200 expériences de physique sans appareils, 15e *édition.* In-12 broché . . . . **1 fr. 50**

1883. IIe partie. — 165 expériences de chimie et de physiologie sans laboratoire, 14e *édition.* In-12 broché . . . . **1 fr. 50**
Les deux parties réunies en un volume cartonné. . . . . **3 fr. »**

1884. **L'Enseignement expérimental des sciences** à l'école normale et à l'école primaire. Fascicule no 4 des *Mémoires et Documents scolaires* publiés par le Musée pédagogique. Épuisé.

1885. **Rapport à la Commission de l'enseignement professionnel** de la Ligue française de l'enseignement. Forme le no 28 (février 1885) du *Bulletin de la Ligue.*

1886. **Rapport sur le travail manuel** (Congrès international du Havre) et **Instruction spéciale** (Fascicules nos 5 et 8 des *Documents scolaires* publiés par le Musée pédagogique). Épuisés.

1887 à 1890. **L'Enseignement manuel et expérimental.** Journal publié chez Gedalge, 75, rue des Saints-Pères, Paris (6e). Trois années réunies en un vol. in-4o de 600 pages, 1 000 figures; cart. . . . . . **7 fr. »**

1891. **Introduction à l'enseignement agricole.** Leçons expérimentales de sciences physiques et naturelles appliquées à l'agriculture, cultures démonstratives, etc. Cours supérieur de l'école élémentaire, cours complémentaire et cours d'adultes; 8e *édition.* In-12, cartonné, 216 pages et 110 figures. — André fils. . . . . **1 fr. »**

1892. **La Rédaction au certificat d'études** (3e partie, Sciences), 3e *édition,* 1 vol. en trois parties non vendues séparément, chez Hachette . . . . **2 fr. 50**

1893. **Notice sur les clichés, pour projections lumineuses, d'expériences agricoles.** Brochure illustrée de 20 figures, adressée gratuitement par la Ligue française de l'enseignement, rue Récamier, Paris, 6e.

a

L'Enseignement professionnel au degré primaire : écoles élémentaires, primaires supérieures, normales, cours d'adultes, etc. Documents officiels, commentaires des programmes. — Librairie Larousse, 13-17, rue Montparnasse, Paris, 6e.

1894. 1er volume. **L'Enseignement agricole.** 3e *édition*, 300 pages in-8°, 60 photogravures et 4 planches en couleurs ; broché. . . . . 3 fr. »
Extrait du précédent, nouveaux programmes commentés . . 0 fr. 95

1895. 2e volume. **L'Enseignement manuel.** 228 pages in-8°, 160 gravures ou photogravures et 4 planches en couleurs ; broché. . . . . . 2 fr. 50
Extrait du précédent, commentaire des programmes . . . . . 0 fr. 45

1896 à 1898. **Après l'École.** *Revue illustrée d'enseignement populaire.* Conférences et documents pour cours d'adolescents et d'adultes ; vues pelliculaires pour projections, etc.
Les deux premières années ont été éditées par la librairie Larousse, les suivantes chez E. Cornély, 101, rue de Vaugirard, Paris, 6e. Chaque année réunie en un volume broché. . . . . 6 fr. »
Les collections de vues pelliculaires sont à part.

CONTRIBUTION A DIVERSES PUBLICATIONS OFFICIELLES POUR L'EXPOSITION DE 1900.

1899. **L'Enseignement primaire supérieur et professionnel** dans le *Rapport de l'Inspection générale.* Se trouve aux archives de chaque inspection académique.

1900. **Guide du visiteur** à l'Exposition de l'Instruction publique (cl. I). *Revue pédagogique* de juillet 1900.

1901 et 1902. **Rapport du Jury international de la Classe I** à l'Exposition de 1900. Grand in-8°, 1 032 pages et 344 gravures ou similigravures. Cet ouvrage n'est pas en vente ; un exemplaire a été déposé dans la bibliothèque de chacune des écoles normales, des écoles primaires supérieures et aux archives de chaque inspection académique.

1903. **Les Projections lumineuses** à l'école, aux cours du soir et en famille. In-16 de 160 pages, 74 gravures, chez E. Cornély. Broché. 1 fr. 50

1904. **Notices diverses** sur des appareils du même auteur : Calcimètre simplifié. Appareil pour les expériences de Torricelli et de Mariotte (Société centrale de produits chimiques, 44, rue des Écoles, Paris, 5e). Lampes à alcool, à gaz, et lampe électrique pour projections (Romanet et Guilbert, 118, quai Jemmapes, Paris, 10e). Carré perspectif (R. Gauguet, 18, rue de l'Ancienne-Comédie, Paris, 6e).

1905 à 1907. **L'Enseignement professionnel en France au début du XXe siècle.** In-16 broché ; chez Cornély . . . . 3 fr. 50
La Réforme des Écoles primaires supérieures. Librairie Larousse. In-16. Broché. . . . . 2 fr. 50
Couverture toile . . . . 3 fr. »

1908. **L'Agriculture au Certificat d'études.** C'est le présent volume.
Livre du maître, couverture toile. . . . . 1 fr. 20
Livre de l'élève, 50 questions avec les réponses, cartonné. 0 fr. 90

L'AGRICULTURE au Certificat d'études

Réglementation officielle
50 sujets traités

Par René LEBLANC
Inspecteur général honoraire de l'Instruction publique.

Livre du Maître

100 figures

PARIS. — LIBRAIRIE LAROUSSE
RUE MONTPARNASSE, 13-17. — SUCCURSALE : RUE DES ÉCOLES, 58 (SORBONNE)

AVERTISSEMENT

Au cours de l'année 1897, une « INSTRUCTION MINISTÉRIELLE » fut adressée, à chaque école primaire publique, sous la forme d'une brochure illustrée jointe au Bulletin départemental de l'Enseignement primaire.

Cette publication officielle, qui a pour objet de guider les maîtres dans leur enseignement obligatoire des notions élémentaires d'agriculture, était à peu près oubliée lorsqu'une nouvelle réglementation est venue en rappeler les dispositions. En juillet 1908, le Conseil supérieur de l'Instruction publique décida que la composition écrite d'agriculture, qui ne comptait qu'à l'oral, dans l'examen du certificat d'études primaires élémentaires, fera partie désormais des épreuves de la 1re série; on sait que l'admissibilité pour l'oral est prononcée sur l'ensemble de ces épreuves.

La note d'agriculture viendra donc s'ajouter à celles d'orthographe, d'écriture, de calcul, de rédaction, et avec la même importance que chacune d'elles. Il en résulte que, pour assurer le succès de leurs élèves à l'examen du certificat d'études, les instituteurs devront nécessairement tenir compte de cette importance et, à cet effet, s'inspirer des directions et conseils contenus dans l'Instruction du 4 janvier 1897 *qui demeure en vigueur*, ainsi que le prescrit la circulaire ministérielle ci-après du 10 août 1908.

Pour faciliter la tâche des maîtres, et aussi celle des examinateurs, nous avons cru utile de réunir, en ce petit volume, les principales questions d'agriculture que peut comporter l'examen du certificat d'études primaires élémentaires.

La reproduction des règlements sur la matière, et notamment de l'Instruction ministérielle précitée, aujourd'hui disparue ou ignorée de la plupart des écoles rurales, s'imposait tout d'abord. Après en avoir extrait une liste des sujets essentiels, nous avons indiqué succinctement, pour chacun d'eux, les constatations (*choses vues*) que l'élève doit faire sous la direction du maître, et ce qu'il en doit retenir (*observations résumées et conclusions*) sous peine d'embarras le jour de l'examen.

R. LEBLANC.

Paris, décembre 1908.

RÉGLEMENTATION OFFICIELLE

Arrêté du 27 juillet 1908.

La modification apportée, par cet arrêté, à l'ancien état de choses consiste à faire passer l'épreuve écrite d'agriculture de la seconde à la première série, de façon à la faire compter pour l'admissibilité, ainsi que l'indique le tableau ci-dessous.

L'agriculture est remplacée, comme précédemment, par le dessin pour les candidats des écoles urbaines, par l'enseignement maritime pour ceux du littoral.

EXAMEN DU CERTIFICAT D'ÉTUDES

NATURE DES ÉPREUVES.		TEMPS donné pour LES ÉPREUVES.	CHIFFRE MAXIMUM d'appréciation.
1re SÉRIE — Admissibilité.	Orthographe : dictée.	20 minutes.	5 } 10
	Questions relatives au texte dicté.	20 minutes.	5
	Écriture.	»	10
	Calcul.	1 heure.	10
	Rédaction.	Id.	10
	Agriculture, ou dessin, ou pêches maritimes (garçons)	Id.	10
	Couture (filles)	Id.	10
2e SÉRIE	Lecture et récitation.	»	10
	Histoire et géographie. . . .	»	10

Ne sont admis aux épreuves de la deuxième série que les candidats ayant obtenu au moins 25 points pour la première; la nullité d'une épreuve entraîne l'élimination.

La circulaire ministérielle suivante, du 10 août 1908, interprète la nouvelle réglementation.

Circulaire du 10 août 1908.

L'arrêté du 27 juillet dernier, modifiant les articles 256 et 257 de l'arrêté du 18 janvier 1887 relatifs à l'examen du certificat d'études primaires élémentaires, décide que l'épreuve portant sur le dessin ou sur l'agriculture pour les garçons comptera désormais pour l'admissibilité aux épreuves orales.

Confirmant les prescriptions de la circulaire du 12 janvier 1898, ledit arrêté confie à l'inspecteur d'académie le soin de dresser, dans chaque département, la liste des écoles où l'épreuve obligatoire portera soit sur le dessin, soit sur l'agriculture. Pour établir cette classification, l'inspecteur d'académie devra s'inspirer des considérations suivantes invoquées dans la circulaire précitée :

« Le Conseil supérieur a estimé qu'il fallait s'attacher, pour ranger les écoles dans l'une ou l'autre catégorie, à la profession généralement suivie par les parents des élèves qui fréquentent l'établissement. Telle école de campagne reçoit en majorité des enfants d'ouvriers employés dans des usines ou dans des ateliers ; telle école de grande ville, installée dans un faubourg, est fréquentée surtout par des élèves appartenant à des familles de maraîchers ou cultivateurs de la banlieue : telle autre enfin, établie dans une localité importante, serait rangée parmi les écoles urbaines si la plupart des habitants ne s'occupaient d'élevage ou d'agriculture. »

Ce sont là des questions de fait dont l'inspecteur d'académie aura à tenir compte pour dresser, sur la proposition des inspecteurs de l'enseignement primaire, la liste des écoles où l'épreuve écrite au certificat d'études portera soit sur le dessin, soit sur l'agriculture.

En notifiant les dispositions qui précèdent à MM. les inspecteurs d'académie de votre ressort, vous voudrez bien les inviter à se référer, en ce qui concerne le choix des sujets sur lesquels portera l'épreuve, soit de dessin, soit d'agriculture, aux dispositions de la circulaire précitée *qui demeure en vigueur*.

Circulaire du 12 janvier 1898.

Mon attention a été appelée sur les difficultés que présente l'interprétation de l'arrêté du 31 juillet 1897 relatif à l'examen du certificat d'études primaires élémentaires.

Le règlement porte que « il est ajouté, pour les garçons, une quatrième épreuve écrite, comptant seulement pour l'admission définitive et comprenant, *pour les écoles rurales,* une ou plusieurs questions choisies dans le programme d'agriculture du cours moyen et, *pour les écoles urbaines,* un exercice très simple de dessin linéaire ou d'ornement tiré du programme du cours moyen ».

Bien que les deux enseignements, celui de l'agriculture et celui du dessin, soient obligatoires dans les écoles primaires, les candidats au certificat d'études primaires élémentaires n'ont pas nécessairement à subir une épreuve sur ces deux matières du programme. Ils sont examinés sur l'une ou sur l'autre, suivant qu'ils appartiennent à une école rurale ou à une école urbaine.

Or il a paru difficile d'établir une classification des écoles primaires. En l'adoptant, le Conseil supérieur de l'Instruction publique a estimé qu'il fallait s'attacher, pour ranger les écoles dans l'une ou l'autre catégorie, à la profession généralement suivie par les parents des élèves qui fréquentent l'établissement. Telle école de campagne reçoit en majorité des enfants d'ouvriers employés dans des usines ou dans des ateliers ; telle école de grande ville, installée dans un faubourg, est fréquentée surtout par des élèves appartenant à des familles de maraîchers ou de cultivateurs de la banlieue; telle autre enfin, établie dans une localité importante, serait rangée parmi les écoles urbaines si la plupart des habitants ne s'occupaient d'élevage ou d'agriculture.

Ce sont là des questions de fait dont vous serez juge. Vous aurez à en tenir compte pour dresser, sur la proposition des inspecteurs de l'enseignement primaire, la liste des écoles soit urbaines, soit rurales.

La nature de l'épreuve obligatoire résultera nécessairement de cette classification. Toutefois, par mesure spéciale dont il vous appartiendra d'apprécier l'opportunité, des élèves d'écoles rurales pourront être autorisés à subir l'épreuve de dessin et des élèves d'écoles urbaines l'épreuve d'agriculture, sur la demande motivée des parents et après avis favorable du directeur de l'école et de l'inspecteur primaire. Cette mesure, d'ailleurs, ne doit pas avoir pour conséquence de supprimer ou d'amoindrir celui des deux enseignements qui ne figurera pas comme épreuve obligatoire à l'examen du certificat d'études. Le dessin sera toujours enseigné dans les écoles rurales et l'agriculture dans les écoles urbaines.

Les élèves des écoles privées seront soumis, en ce qui concerne la nature de l'épreuve obligatoire et la faculté d'option, au même régime que ceux des écoles publiques.

Les candidats instruits dans la famille subiront l'une ou l'autre des deux épreuves, suivant la demande qui en sera faite par leurs parents.

Il importe enfin de bien déterminer la nature des épreuves d'agriculture et de dessin à cet examen. *Pour le choix de la première épreuve, vous voudrez bien vous reporter à l'instruction ministérielle du 4 janvier 1897; vous y trouverez l'indication de tous les sujets qui peuvent être proposés.*

En ce qui concerne l'épreuve de dessin, vous remarquerez qu'au cours moyen, conformément au programme officiel, les élèves ne feront pas encore usage des instruments proprement dits (compas, tire-ligne, etc.); les exercices de dessin doivent s'exécuter à main levée. Ils consistent :

1° En une reproduction à vue d'un ornement plan, à contour régulier indiqué tantôt par un dessin mural ou tracé au tableau par le maître, tantôt par un texte dicté qui en indique clairement la forme et les dimensions;

2° Dans le dessin à vue d'un modèle en plâtre représentant un ornement plan d'un faible relief ;

3° Et même dans le croquis coté d'un solide ou d'un objet de forme géométrique très simple.

La nouvelle épreuve pour les élèves des écoles urbaines consistera donc en un exercice emprunté à l'une des trois catégories précédentes.

Dans le cas où votre choix portera sur un sujet des deux dernières catégories, il importe que la forme des modèles en nature ne soit jamais compliquée; les meilleurs modèles sont ceux-là mêmes qu'on reproduit **en travail manuel ou en modelage** (1), dans les bonnes écoles urbaines; l'école normale d'instituteurs vous en fournira, au besoin, des spécimens variés.

En aucun cas le sujet de l'épreuve de dessin ne devra consister en une simple copie d'un dessin, d'une lithographie ou d'une gravure.

J'ai décidé que le candidat qui aura subi l'épreuve obligatoire de dessin ou d'agriculture pourra, dans la même session ou à une session ultérieure, se présenter pour l'autre épreuve considérée comme facultative.

---

(1) Le passage souligné, oublié d'abord, a été rétabli dans un erratum au *Bulletin administratif* (n° 1298-22-1-98).

Vous voudrez bien donner connaissance de la présente circulaire à MM. les inspecteurs de l'enseignement primaire et veiller à l'exécution des dispositions qu'elle contient.

La nature de l'épreuve d'agriculture au certificat d'études primaires se trouve donc nettement déterminée par le passage reproduit en italiques de la circulaire précédente; *tous les sujets qui peuvent être proposés sont indiqués dans l'Instruction officielle du 4 janvier 1897*, ce qui signifie qu'il n'en doit pas être choisi en dehors.

Circulaire d'envoi de l'Instruction ministérielle du 4 janvier 1897.

Monsieur le Recteur, vous trouverez, ci-jointe, une brochure relative à l'enseignement des notions élémentaires d'agriculture dans les écoles rurales. Ce document contient des directions pédagogiques et le commentaire des programmes actuellement en vigueur. Il est l'œuvre de la commission mixte d'agriculture instituée auprès du ministère de l'Instruction publique.

L'objet de cette publication a été défini par mon honorable prédécesseur dans la circulaire qu'il adressait aux inspecteurs d'académie, le 24 octobre 1895.

Il était demandé à la commission de rédiger un plan de cours, sommairement tracé « sous forme de guide pratique, et destiné à faciliter la tâche des instituteurs dans leur enseignement aujourd'hui obligatoire des notions élémentaires d'agriculture ».

Vous constaterez que la commission n'est pas sortie des limites qui lui avaient été prescrites. Aucune modification n'est apportée au programme actuellement en vigueur. Seulement le maître qui, chargé d'un enseignement relativement nouveau, pouvait se demander dans quelle mesure il devait l'étendre ou le restreindre, sera désormais en possession d'indications précises.

Vous remarquerez que l'on n'exige pas de l'instituteur un cours proprement dit d'agriculture que l'âge des élèves ne comporte pas, mais que l'on attend de lui qu'il fasse concourir les différents enseignements à l'acquisition des notions agricoles indispensables. Cela est surtout vrai de l'enseignement des sciences physiques et naturelles dont les éléments doivent toujours être envisagés par rapport aux applications agricoles.

J'insiste également sur la nécessité de faire suivre les explications orales de démonstrations pratiques. A cet égard la brochure renferme de nombreuses indications.

. . . .

Je vous prie enfin d'inviter les directeurs et directrices d'école normale à exercer les élèves aux expériences que l'instruction renferme afin que, devenus instituteurs ou institutrices, ils puissent les répéter dans leur propre classe. Je recevrai volontiers les photographies des principales expériences réalisées, notamment dans les écoles normales; les meilleures seraient placées au Musée pédagogique . . . .

Instruction officielle du 4 janvier 1897

ENSEIGNEMENT DES NOTIONS ÉLÉMENTAIRES D'AGRICULTURE DANS LES ÉCOLES RURALES

Les circulaires ministérielles des 24 octobre et 30 novembre 1895 ont prévu la rédaction d'un plan de cours, sommairement tracé sous forme de guide pratique, et destiné à faciliter la tâche des instituteurs dans leur enseignement aujourd'hui obligatoire des « notions *élémentaires d'agriculture* » (1).

Ce plan est exposé ci-après : il n'a évidemment que la valeur d'une indication générale ; néanmoins les maîtres y trouveront les directions essentielles et ils devront s'y conformer en les appropriant à la force de leurs élèves et au milieu où est située l'école.

DIRECTIONS PÉDAGOGIQUES

L'enseignement des *notions* d'agriculture que peut comporter le programme de l'école élémentaire doit s'adresser beaucoup moins à la mémoire des enfants qu'à leur intelligence ; il doit s'appuyer sur l'observation des faits journaliers de la vie agricole et sur une expérimentation simple, appropriée aux ressources matérielles dont dispose l'école, et destinée à mettre en évidence les notions scientifiques fondamentales des opérations culturales les plus importantes. Ce qu'il faut surtout apprendre aux enfants, à l'école rurale, c'est le pourquoi de ces opérations avec l'explication des phénomènes qui les accompagnent, et non le détail des procédés d'exécution, encore moins un résumé de préceptes, de définitions ou de recettes agricoles. Connaître les conditions essentielles du développement des végétaux cultivés, comprendre la raison d'être des travaux habituels de la culture ordinaire et celle des règles d'hygiène de l'homme et des animaux domestiques, voilà ce qu'il faudrait apprendre d'abord à tout agriculteur, et l'on n'y peut parvenir que par la méthode expérimentale.

C'est dire qu'un maître ferait fausse route dont l'enseignement agricole consisterait uniquement dans l'étude et la récitation, par l'élève, d'un manuel d'agriculture, si bien conçu que fût ce manuel;

(1) Loi du 16 juin 1879 (art. 10), et loi du 22 mars 1882 (art. 1er).

il faut nécessairement recourir à des expériences très simples et surtout à l'observation.

En effet, c'est seulement en mettant le phénomène à observer sous les yeux des enfants qu'on pourra leur apprendre à observer, qu'on pourra établir dans leur esprit les idées fondamentales sur lesquelles repose la science agricole moderne, idées que l'écolier campagnard ne peut acquérir qu'à l'école où il ne sera jamais nécessaire de lui enseigner ce que son père sait mieux que l'instituteur et qu'il apprendra sûrement par sa propre expérience pratique.

L'école doit se borner à préparer l'enfant à l'apprentissage intelligent du métier qui le fera vivre et à lui donner le goût de sa future profession; à cet égard, le maître ne devra jamais oublier que le meilleur moyen de faire aimer à un ouvrier son ouvrage, c'est de le lui faire comprendre.

Le but à atteindre, pour l'enseignement agricole primaire, c'est, *en résumé*, d'*initier* le plus grand nombre des enfants de nos campagnes aux connaissances élémentaires indispensables pour lire avec fruit un livre d'agriculture moderne, pour suivre avec profit une conférence agricole; c'est de leur inspirer l'amour de la vie des champs et le désir de ne point la changer pour celle de la ville ou de l'usine; c'est de les pénétrer de cette vérité que le métier d'agriculteur, le plus indépendant de tous, est plus rémunérateur que beaucoup d'autres pour tout praticien laborieux, intelligent et instruit.

Emploi du temps.

Le but qui vient d'être indiqué serait difficilement atteint si l'on ne consacrait à l'agriculture que le temps réservé spécialement pour cet objet par le règlement; si, en d'autres termes, l'enseignement des autres matières du programme restait trop étranger à la préparation de l'enfant à la vie qui l'attend à sa sortie de l'école. A la campagne surtout, le maître devra orienter son enseignement général dans le sens des besoins journaliers de la population qui l'entoure en donnant souvent à ses lectures, à ses exercices de langue française, de calcul, etc., une couleur agricole; des poésies champêtres, des faits de la vie rustique, des problèmes présentés sous forme d'une comptabilité simplifiée et relatifs aux prix des denrées achetées ou vendues dans la région, aux mélanges composant les rations alimentaires du bétail, etc., apporteront fréquemment une aide précieuse à l'enseignement agricole proprement dit, dont voici la part dans l'emploi du temps hebdomadaire.

Les règlements organiques (1) spécifient les conditions générales auxquelles doit satisfaire la répartition des exercices à l'école primaire : pour les « sciences physiques et naturelles (avec leurs appli-

(1) Arrêté organique du 18 janvier 1887, art. 19, § 5, 3°.

cations) présentées d'abord sous la forme de leçons de choses, puis étudiées méthodiquement », le temps accordé occupe, en moyenne, et suivant les cours, de deux à trois heures par semaine.

Le règlement ne distingue pas entre les sciences physiques et naturelles d'une part, et l'agriculture d'autre part, et il n'y a pas lieu de réserver, pour chacune des semaines de l'année, l'une des deux heures, par exemple, pour les sciences, et le reste pour l'agriculture. La distribution des matières du double programme annexé à l'arrêté organique doit se faire en tenant compte des facilités offertes, par les saisons et la température, pour l'exécution des démonstrations : en principe, tout ce qui se rapporte à la vie et au développement des végétaux (opérations du jardin et du champ de démonstration, visites ou promenades agricoles) doit être réservé pour le printemps et l'été, c'est-à-dire placé au programme du second semestre; le reste figurera au programme du premier semestre.

La répartition indiquée plus loin satisfait à cette condition tout en conservant un enchaînement logique et méthodique. Si l'on sait bien présenter les notions scientifiques élémentaires et s'en servir ensuite comme point d'appui pour les notions agricoles ou horticoles et pour les premiers principes d'hygiène, les deux ou trois heures accordées par semaine suffiront pour l'application rationnelle du programme, à la condition de ne pas étendre ces *notions* au delà de la portée d'intelligence des écoliers.

COMMENTAIRE DU PROGRAMME OFFICIEL

La plupart des conseils départementaux, conformément aux prescriptions de la loi (1), ont rédigé un programme d'enseignement agricole spécial à chaque département. Presque partout on est tombé dans l'exagération.

Il convient de revenir à une plus juste appréciation du caractère de l'enseignement primaire élémentaire, qui ne peut comporter, on ne saurait trop le redire, un enseignement professionnel proprement dit. Tout ce qu'on demande à l'instituteur rural, c'est de donner à ses élèves, dans la mesure que comporte leur âge, le goût et l'intelligence des choses agricoles; et il y parviendra sans surcharge pour le programme général, en donnant de l'unité à son enseignement scientifique et agricole qui doit former un tout bien coordonné où les notions de sciences physiques et naturelles, celles d'agriculture, d'hygiène et, s'il s'agit des filles, celles d'économie domestique, se pénétreront intimement et se compléteront mutuellement.

---

(1) Loi du 16 juillet 1879, art. 10.

Voici à cet égard, et pour chacun des trois cours, l'indication de la nature des leçons que l'application du programme officiel peut comporter à l'école rurale pour chaque semestre.

L'ensemble forme un cadre marquant les limites à atteindre par la bonne moyenne des élèves dont la scolarité sera complète.

COURS ÉLÉMENTAIRE (7 à 9 ans).

Les leçons de choses dans ce cours sont la continuation de celles qui ont été détaillées pour la classe enfantine et l'école maternelle (1); au point de vue agricole, on demande simplement que les choses du jardin soient mises à contribution comme celles de la classe.

COURS MOYEN (9 à 11 ans).

La durée du cours moyen pour un même élève est au moins de deux ans; en première année, c'est-à-dire à neuf ans, l'enfant ne peut acquérir que des notions scientifiques très rudimentaires et entrevoir leur application aux choses de l'agriculture; c'est seulement après une première initiation, c'est-à-dire dans une seconde année, et avec des enfants d'au moins dix ans, qu'on peut aborder les premières notions d'agriculture proprement dite; encore devra-t-on, conformément aux prescriptions réglementaires, donner ces *notions à propos des lectures, des leçons de choses et des promenades.*

L'établissement de cette répartition en deux années ne présentera pas de difficulté dans les écoles à plusieurs classes; à la campagne, où les écoles sont pour la plupart à un seul maître, les leçons de sciences et d'agriculture seront généralement communes à toute la classe : elles comprendront nécessairement les connaissances appropriées à chaque groupe d'élèves et formeront une sorte d'enseignement concentrique dont chacun prendra une part proportionnelle à la portée et au développement de son intelligence.

Le maître aura bien rempli sa tâche s'il obtient que ses élèves possèdent, selon la division à laquelle ils appartiennent, les connaissances indiquées ci-après pour chaque cours.

Première année du cours moyen.

Premier semestre.

Il serait difficile « de donner une idée des principales fonctions de la vie », de parler avec fruit, par exemple, de la respiration, à des enfants ne sachant rien des propriétés de l'air, ne se doutant même

(1) Cf. Règlement du 18 janvier 1887. Programme spécial des leçons de choses pour la première section des écoles maternelles; exemple de répartition mensuelle.

pas qu'un gaz est une chose matérielle ; on devra donc examiner préalablement *les trois états des corps.*

Les notions de sciences naturelles et celles de sciences physiques pourront faire l'objet de leçons parallèles qui se compléteront mutuellement.

En histoire naturelle, on parlera des animaux d'abord; l'homme viendra ensuite, quand les notions relatives à l'air, aux combustions auront été établies expérimentalement.

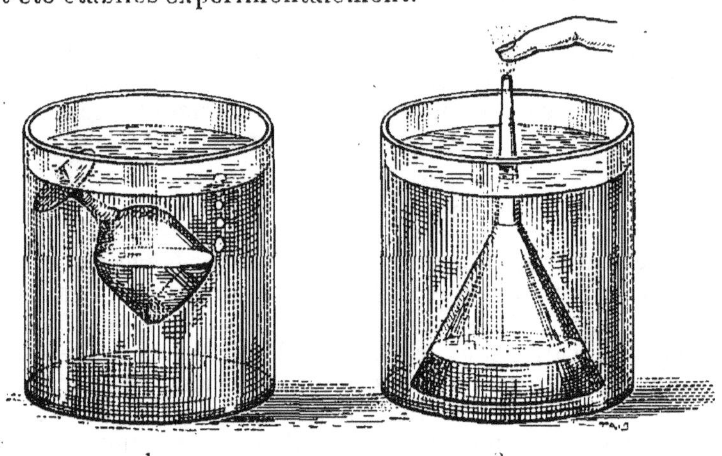

1. 2.

Expériences simples sur les gaz.

I. Les trois états des corps. — Quelques démonstrations simples sont indispensables pour faire observer et comparer ces trois états; plonger dans l'eau un verre, un entonnoir l'ouverture en bas, faire échapper l'air : on le voit ou on le sent; recueillir sous l'eau l'air sorti d'un soufflet, celui des poumons, le transvaser et le mesurer approximativement; voilà des expériences nécessaires et réalisables partout sans dépense. Il en est de même des suivantes : produire de la vapeur d'eau, la condenser, en d'autres termes distiller de l'eau et observer

3. Recueillir et mesurer un gaz.

les changements d'état; préparer un peu d'oxygène, produire des combustions, les activer par un courant d'air, en reconnaître les produits; mettre en évidence la pression atmosphérique, la force élastique de l'air; le reste se fera plus tard.

Voici quelques indications * destinées à montrer la forme des expériences simples à réaliser. (Voir 4 à 6.)

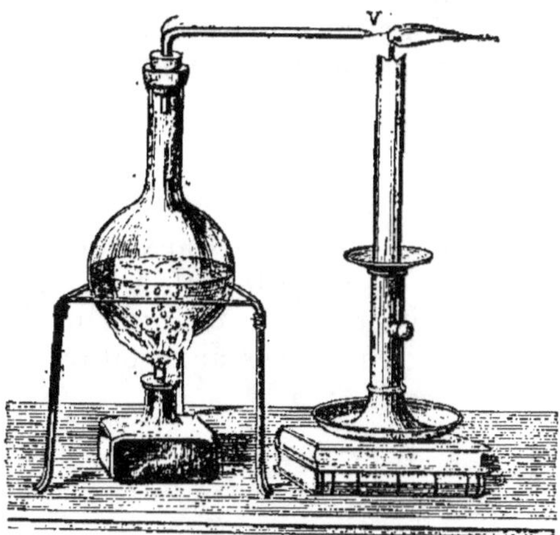

4. La vapeur agit comme un gaz.

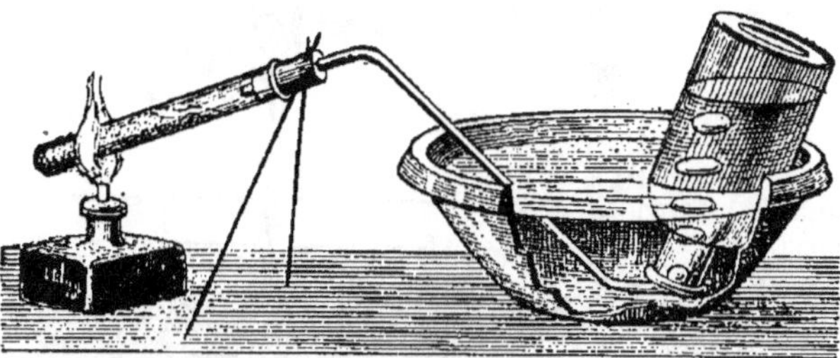

5. Préparation de l'oxygène.

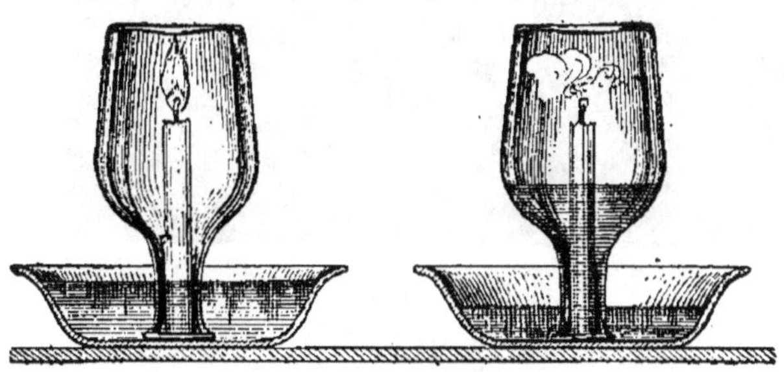

6. L'air renferme environ 1/5 d'oxygène.

II. Les animaux. — Sous forme de causerie, d'entretien familier, le maître excitera la curiosité des enfants en leur parlant des animaux qu'ils voient chaque jour; il choisira les faits les plus saillants de l'histoire de chacun d'eux; le chien et le cheval fourniront la matière de plusieurs lectures, expliquées, commentées, de quelques petites leçons faites en s'aidant au besoin d'images; on comparera entre elles les principales espèces de chiens, le cheval à l'âne, le chat au tigre, au lion. Les habitudes des oiseaux de la basse-cour, l'histoire des voyages périodiques des hirondelles et d'autres oiseaux migrateurs, les métamorphoses de la grenouille, celles des hannetons et leurs ravages, celle du ver à soie, des abeilles et leurs produits, etc., fourniront le sujet de lectures et de conversations pleines d'intérêt.

* Le détail des expériences recommandées dans l'INSTRUCTION OFFICIELLE se trouve dans le volume sur l'*Enseignement agricole* indiqué ci-devant, page II. — R. L.

III. L'homme. — La description sommaire du corps humain fera suite aux leçons sur les animaux; elle pourra être abordée avant la fin des leçons expérimentales qui viennent d'être indiquées; mais c'est après seulement qu'on parlera des fonctions de nutrition et de respiration auxquelles on se bornera, sauf à y ajouter quelques conseils relatifs à l'hygiène.

Deuxième semestre.

La saison permettra de réunir les objets nécessaires aux démonstrations; tantôt les enfants ou le maître les apporteront en classe, tantôt ils se transporteront près des objets mêmes; on ne saurait admettre, à la campagne, une leçon de *choses* relatives aux plantes, à la botanique notamment, dans laquelle les *choses* ne seraient pas mises sous les yeux des élèves.

I. Les végétaux. — Il sera naturel de fixer d'abord l'attention des enfants sur un phénomène actif, la germination, facile à reproduire et à suivre dans ses diverses phases, surtout au printemps : un haricot ou une céréale, un gland ou un marron d'Inde, placés dans de la mousse ou du sable humide, conviendront pour la démonstration. En disposant l'expérience sous la forme ordinairement adoptée pour les cultures dans l'eau, la graine étant supportée par un liège flottant sur l'eau, on verra parfaitement le développement des radicelles et de leurs organes essentiels, la coiffe et les poils absorbants.

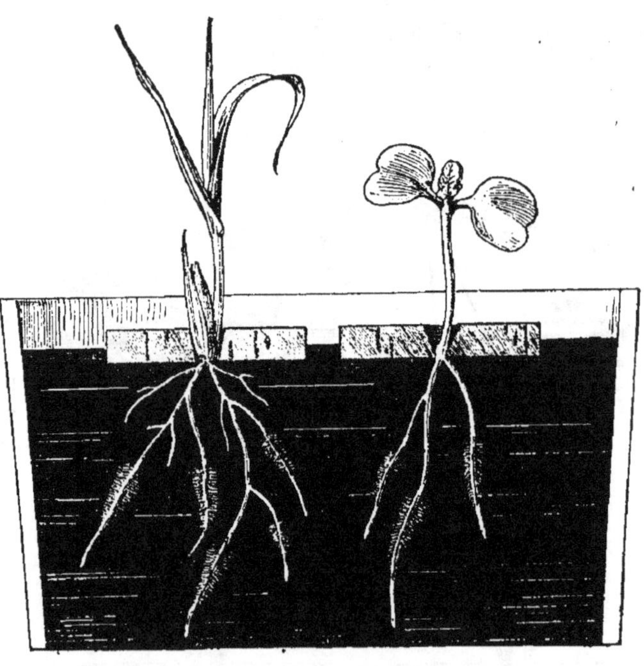

7. Culture dans l'eau.
Germination d'une monocotylédone (avoine), d'une dicotylédone (radis); racines avec coiffe et poils absorbants.

La figure 7 fait voir comment l'expérience peut être disposée et ce qu'on obtient au bout d'un mois environ.

C'est sur nature également qu'on étudiera la tige, la feuille et surtout la fleur. S'agit-il de cette dernière, par exemple, on mettra un spécimen du sujet choisi entre les mains des enfants; puis, sous la direction commune du maître, chacun fera, au moyen d'un canif, ou simplement d'une épingle, la séparation des pièces des verticilles floraux, calice, corolle, étamines et pistil (8). Quelques exemples bien

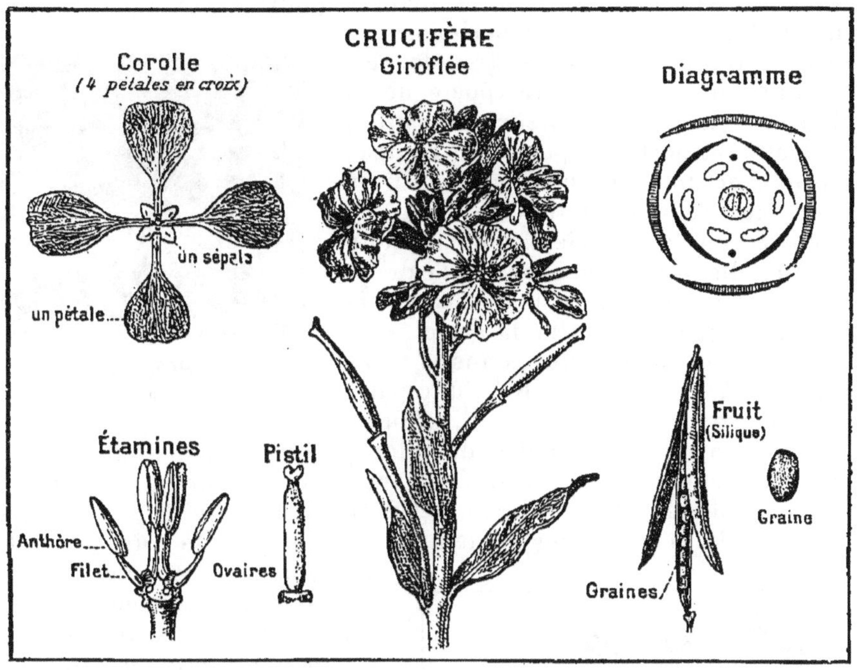

8. Disposition du travail de l'élève.

Un bon moyen de rendre ces leçons profitables consiste à disposer, sur une feuille de papier, les diverses pièces de la fleur étudiée, à les fixer par un peu de colle et à joindre, à cette figure en nature, une légende explicative, au besoin un diagramme. La figure ci-dessus reproduit exactement une page prise dans le cahier d'un enfant de onze ans.

choisis suffiront pour donner une idée des caractères de quelques familles botaniques, plus particulièrement intéressantes par leurs qualités ou leurs défauts (plantes utiles, plantes nuisibles).

II. Premières notions agricoles. — Pour des enfants qui n'ont pas encore dix ans, ces notions seront profitables à la condition d'être restreintes ; elles seront une amorce et une initiation destinées à préparer l'enfant à l'observation, et à le familiariser avec la terminologie qu'on emploiera dans les « leçons plus méthodiques » des années suivantes.

Deuxième année du cours moyen.

Le plan à suivre reste le même qu'en première année ; le programme se complète de la manière suivante :

I. Notions scientifiques. — L'étude des combustions sera étendue à celle du gaz carbonique dont on montrera la présence dans les pierres calcaires. De la craie et quelques gouttes d'un acide minéral suffiront pour faire les expériences ou les constatations suivantes : transformer la craie en chaux vive (le poêle de la classe fournira une chaleur suffisante), constater la perte de poids par comparaison avec un autre morceau de craie pareil au premier ; action de l'eau sur la chaux vive ; propriétés de la chaux éteinte, du lait de chaux, de l'eau de chaux ; production d'acide carbonique (9) ; reconstitution de la craie.

9. Préparation du gaz carbonique.

Séparation mécanique, dans la terre végétale (A), de l'argile (B), d'une part, de la silice et du calcaire (C), d'autre part. Au moyen d'un peu d'acide chlorhydrique qui dissoudra le calcaire, on isolera ensuite la silice (D) et, enfin, par une dissolution de carbonate de soude, on pourra régénérer le calcaire (E) ; cette expérience facile à expliquer ne demande qu'un peu de soin pour être convenablement exécutée. Il sera bon d'en conserver les résultats et de les disposer sur un carton comme l'indique la figure 10.

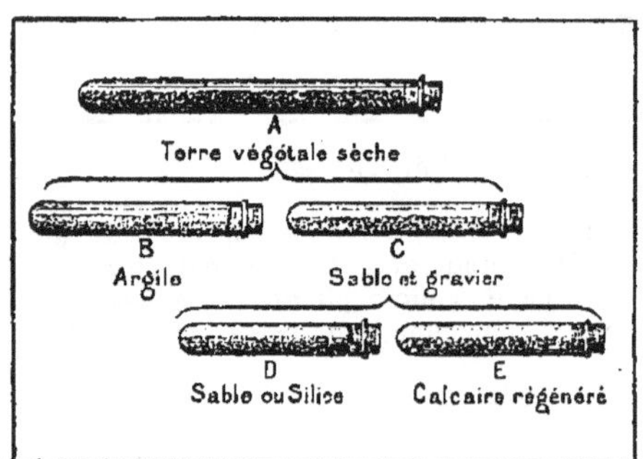

10. Composition de la terre arable. Séparation des roches qui la forment.

II. Notions agricoles. — Examen, surtout dans les promenades, des principales espèces de sols.

On s'attachera à montrer aux enfants que les plantes, comme les animaux, ont besoin de nourriture pour vivre, et on réalisera à cet effet quelques cultures en pots et dans un carré du jardin ; l'expérience suivante sera le point de départ : semer quelques graines de plantes à croissance rapide, des haricots hâtifs, par exemple (11), d'une part dans une bonne terre additionnée d'une dose suffisante d'engrais convenable, d'autre part dans un milieu stérile tel que de la terre épuisée, du sable, du gravier, ou même du verre cassé de la grosseur de ce dernier. La nécessité des engrais sera ainsi mise en évidence; on en fera connaître plus tard la composition.

Les premières notions relatives aux « travaux et instruments usuels de culture » seront données d'abord dans les promenades: c'est dans les leçons « plus méthodiques » indiquées au programme du cours supérieur qu'on les complétera.

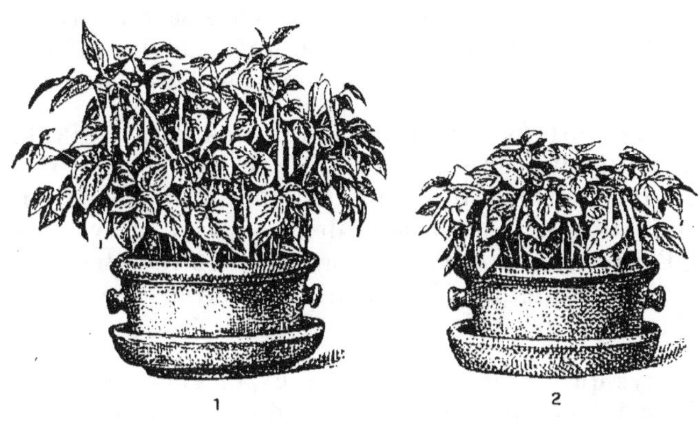

11. Cultures démonstratives en milieu stérile.
1, verre cassé avec engrais; 2, terre épuisée sans engrais.

Le cours supérieur proprement dit est rarement organisé dans les écoles rurales; ordinairement, les élèves les plus avancés ou les plus âgés forment une sorte de division supérieure du cours moyen. Quoi qu'il en soit, voici la règle à suivre :

Les enfants de douze ou treize ans devront recevoir un enseignement agricole plus étendu que celui qui est représenté par le programme du cours moyen; **les maîtres ajouteront donc à ce qui précède,** *pour leurs plus grands élèves,* **tout ce qu'ils pourront du programme suivant,** dont l'application ne présentera aucune difficulté sérieuse, si les notions scientifiques fondamentales ont été préalablement établies d'après des expériences simples réalisées en classe et des observations faites sur nature.

COURS SUPÉRIEUR (11 à 13 ans).

Les notions de sciences physiques et naturelles sont « une revision et une extension du cours moyen »; l'extension portera essentiellement sur les connaissances applicables à l'hygiène en ce qui concerne l'homme et les animaux, sur les notions de physiologie végétale et sur quelques éléments de chimie en ce qui concerne les végétaux. Voici l'indication de la matière des leçons pour chaque semestre, les notions de sciences naturelles et celles de sciences physiques étant exposées en hiver et parallèlement, de façon à se compléter mutuellement.

Premier semestre.

I. Les animaux. — Les grands traits de classification seront établis sur des exemples pris, autant que possible, parmi les animaux du pays; choisir de préférence ceux qui sont utiles ou nuisibles. Les animaux domestiques tiendront naturellement la première place, et on cherchera surtout à établir les notions sur lesquelles s'appuient les règles de l'hygiène et de l'alimentation du bétail.

L'étude des principaux organes pourra être facilitée par l'observation directe d'un animal abattu; quelques instituteurs savent préparer l'appareil digestif d'un animal de petite taille, un squelette même, et en enrichir le musée scolaire; leur exemple mérite d'être signalé.

II. L'homme. — Les notions d'anatomie données aux enfants doivent avoir surtout pour effet de les convaincre de la nécessité des règles de l'hygiène; elles porteront essentiellement sur la digestion, la circulation, la respiration et les relations des sens avec le système nerveux. On évitera l'exagération et l'on se gardera des recettes plus ou moins empiriques qu'il ne faut pas confondre avec l'hygiène, encore moins avec la médecine.

III. Notions de physique. — C'est par des expériences simples et peu coûteuses qu'on les établira. Cette partie du programme sera surtout développée à la ville et dans les centres industriels.

A la campagne, on pourra se borner aux démonstrations qui mettront en évidence les principaux effets de la chaleur, de la lumière, de l'électricité et de la pesanteur. Ce qui importe surtout ici, c'est d'exciter la curiosité des enfants et de choisir les exemples parmi les phénomènes faciles à reproduire ou à observer; on ne parlera des autres que si l'on peut épuiser la série des premiers.

Quelques notions relatives à la météorologie sont nécessaires; l'enfant sera familiarisé, non avec la construction du baromètre et du thermomètre, mais avec les indications fournies par ces instruments et la manière de recueillir ces indications; on le mettra à même de lire un bulletin météorologique.

IV. Notions de chimie. — Les expériences faciles à réaliser avec un matériel fort réduit sont très nombreuses; la figure 12 représente, parmi les petits appareils réalisables à l'école élémentaire, celui dont le montage est le plus compliqué; on peut le construire partout et il suffit pour extraire, par exemple, l'alcool d'une boisson fermentée, l'ammoniaque des engrais minéraux qui en renferment et même du purin.

On choisira, parmi les expériences possibles, celles qui ont un rapport immédiat avec l'agriculture; les substances qui servent de nourriture aux plantes seront considérées comme les plus importantes. Des cendres de bois, on extraira de la potasse; un os calciné sera transformé en phosphate soluble, en l'attaquant par de l'acide chlorhydrique étendu; on reformera ensuite le phosphate insoluble en neutralisant l'acide employé par une base ou simplement par du carbonate de soude. L'ammoniaque sera décelée, par la chaux, dans les sels qui en sont formés et qu'on emploie comme engrais. On apprendra à distinguer les uns des autres les principaux engrais commerciaux: les nitrates des sels ammoniacaux et potassiques, les superphosphates des scories, etc. L'important est que chacun des termes scientifiques entrés aujourd'hui dans le langage courant de l'agriculture ait une signification précise pour les élèves qui vont quitter l'école rurale.

La connaissance des principaux engrais sera considérablement facilitée par l'usage qu'on en fera au semestre d'été pour les expériences de cultures démonstratives.

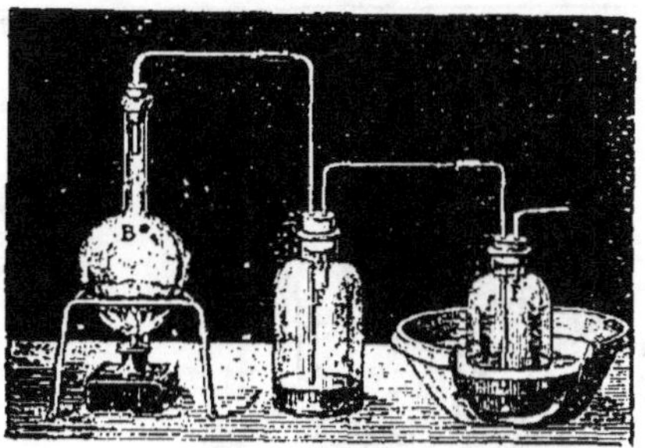

12. Appareil distillatoire.
Préparation de l'ammoniaque.

V. Les minéraux. — Les notions relatives au sol, aux roches et aux terrains seront données, d'une part, dans les leçons de choses avec les objets du musée scolaire et à propos de quelques expériences de chimie, d'autre part et surtout, dans les promenades agricoles.

VI. Agriculture et horticulture. — Les leçons proprement dites commenceront avant le printemps; elles porteront sur les sujets intéressant essentiellement les cultures locales. La leçon doit, autant que possible, se rapporter à des choses vues, à des objets examinés déjà par les enfants; le maître commencera donc par des sujets qui ont été abordés au cours moyen et qui ont fait l'objet d'explications à propos de lectures, de promenades, etc.

Il continuera ensuite pendant toute la belle saison, en faisant concorder les leçons avec les exercices pratiques, les excursions, etc.; l'objet de la leçon proprement dite d'agriculture ou d'horticulture doit être celui de la promenade récente, ou prochaine, celui de l'exercice pratique réalisé ou à réaliser à la même époque.

Deuxième semestre.

I. Cultures démonstratives. — Elles doivent être préparées et conduites de manière à bien mettre en évidence les vérités fondamentales suivantes :

1° L'air doit pénétrer facilement dans le sol, car les racines ne peuvent se passer d'oxygène; elles respirent comme les feuilles; elles doivent trouver partout une nourriture convenable, c'est-à-dire que l'engrais doit être intimement mélangé à la terre dans toutes les parties du sol où elles se développent.

*2° Dans toute terre arable, quatre substances, l'***azote***, l'***acide phosphorique***, la* **potasse** *et la* **chaux***, suffisent pour assurer l'alimentation complète et le parfait développement des végétaux cultivés.*

3° Le cultivateur n'a pas à se préoccuper de fournir au sol d'autres élé-

ments que ceux indiqués, lesquels n'épuisent pas la terre arable, même s'ils sont apportés sous forme minérale ; toutefois, dans ce dernier cas, les propriétés physiques du sol peuvent être modifiées d'une façon désavantageuse. Les matières organiques, loin d'être inutiles, maintiennent la terre dans un état favorable à l'aération et au développement des racines ; en outre, elles agissent efficacement sur les substances nutritives contenues dans le sol. De sorte que pour fournir à une terre, dans les meilleures conditions, les quatre éléments en proportion convenable, le fumier est le premier engrais indiqué ; on le complète par des engrais chimiques appropriés.

4° Un engrais convient bien à un sol s'il lui apporte **ce qui lui manque** *pour nourrir les végétaux à cultiver. La composition d'un bon engrais dépend donc non seulement du genre de culture à faire, mais aussi de la nature de la terre ; il n'est pas possible de préparer un engrais convenant à tous les sols, même pour une seule espèce de plantes. Les formules ou recettes dites* **infaillibles** *et* **partout applicables** *ne méritent pas plus de confiance que les remèdes guérissant toutes les maladies.*

13. Culture démonstrative dans l'eau.

La solution renferme les quatre éléments fournis par des produits solubles tels que le nitrate de potasse et le superphosphate de chaux.

5° Pour obtenir des récoltes rémunératrices, il faut que le sol, après avoir reçu l'engrais, renferme les quatre substances nutritives dans une proportion qui dépend de l'espèce des plantes cultivées. L'agriculteur moderne doit savoir que **l'excès** *de l'un des quatre éléments est toujours* **inutile** *et* **coûteux** *; en outre, qu'il* **peut devenir nuisible** *s'il y a insuffisance de l'un quelconque des trois autres. En d'autres termes,* **l'excès d'un élément est aussi nuisible que son insuffisance**, *le développement du* *végétal ne se faisant qu'en raison de l'élément qu'il trouve en plus petite quantité dans le sol.*

Les premières expériences de cultures démonstratives, très élémentaires, mais fondamentales, se feront en pots ou mieux dans des caisses, avec la participation des enfants. Les figures suivantes reproduisent, d'après des photographies prises sur nature, les dispositions les plus simples réalisées avec succès dans de nombreuses écoles.

L'expérience représentée par la figure 13 prouve que les quatre

14. Effet produit par l'absence ou l'insuffisance d'un élément.

Les deux pots ont été remplis de terre stérile ou épuisée mélangée de superphosphate de chaux et de chlorure de potassium; au tallage, on a donné du nitrate de soude à l'un des pots; l'autre pot ne renferme qu'une proportion infime d'azote, celle de la terre employée.

substances dissoutes dans l'eau du flacon suffisent à amener la plante à maturité. Si l'on empêchait l'air de pénétrer dans l'eau du flacon, l'oxygène indispensable aux racines ferait défaut et la plante périrait.

La figure 14 indique l'un des moyens les plus simples de prouver que, si l'un des éléments nutritifs ne se trouve qu'en très minime quantité (toute terre arable, même la plus pauvre renferme toujours un peu de chacun des quatre éléments), la végétation souffre d'une façon très apparente.

L'expérience représentée par la figure 15 est le point de départ du champ de démonstration; plus compliquée que les précédentes, elle pourra être faite aussi en pots ou en caisses, ou mieux dans un carré du jardin si la terre est de bonne qualité physique, mais très appauvrie en éléments nutritifs. Elle est très importante au point de

Après la germination.

Après le tallage.

A la maturité.

15. Cultures démonstratives en terre stérile ou épuisée.

Le n° 1 est le témoin, sans engrais; — le n° 2 a reçu un engrais formé, par kilogramme de terre, de 2 grammes de nitrate de soude (*a*), 3 grammes de superphosphate de chaux (*b*) et 1 gramme de *chlorure de potassium* (*c*); — le n° 3 a reçu (*a*) et (*c*); — le n° 4, (*b*) et (*c*); — le n° 5, (*a*) et (*b*). Le n° 3 a donné plus de paille et moins de grain que le témoin : l'engrais a donc été *nuisible;* il a été *inutile* au n° 4.

vue de la démonstration des vérités fondamentales rappelées plus haut; elle montre surtout les différences énormes que peuvent présenter les récoltes, dans un même champ, selon que l'engrais employé répond ou non à la composition du sol et aux besoins de la plante.

Elle ne permet pas d'évaluer les rendements : c'est une expérience qualitative et non quantitative, mais elle suffit à montrer d'une manière frappante que *l'excès d'un élément est aussi nuisible que son insuffisance.*

Observations. — Précautions a prendre pour les cultures en pots.

Les pots servant aux cultures démonstratives sont et doivent être en terre poreuse ; il en résulte une évaporation rapide exigeant des arrosages fréquents. En plaçant les pots dans des cuvettes assez profondes où l'on verse de l'eau, la provision peut suffire pour plusieurs jours, même par les temps secs et chauds.

On peut aussi creuser, dans le sol de la cour ou du jardin, des trous pouvant contenir les pots : on évite ainsi l'échauffement exagéré qui se produit surtout dans le voisinage d'un mur par suite du rayonnement, et qui flétrit rapidement les plantes faisant l'objet de l'expérience.

16. Action des divers engrais au jardin.

On a repiqué des choux sur trois sillons : A, au fumier de ferme ; B, au fumier additionné d'engrais minéraux ; C, sans engrais.

Pour éviter le durcissement superficiel de la terre produit par des arrosages répétés, on peut couvrir les pots d'une couche légère de mousse, de paille menue ou de sciure de bois.

Les cultures précédentes préparées de façon à pouvoir être apportées, pour la plupart, dans la salle de classe, au moment des leçons, seront répétées dans un carré du jardin, à propos de quelques cultures maraîchères. Voici la disposition essentielle de ces importantes expériences qui suppléeront, dans une certaine mesure, le champ de démonstration qu'on ne pourrait créer : dans trois sillons voisins, on repiquera, par exemple, des choux ou des salades ; le premier sillon n'aura reçu aucun engrais ; le second sera, au contraire, pourvu abondamment d'un engrais bien équilibré pour le sol et la plante ; le troisième recevra un engrais dans lequel un des éléments fera défaut, ou bien du fumier seulement. La figure 16 représente les résultats obtenus dans une expérience de ce genre. Le poids d'un chou est très différent suivant le sillon où il a poussé.

Parmi les expériences élémentaires à réaliser en pots ou en caisses, il convient d'en signaler deux autres comme très importantes : la première (*fig.* 17) prouve que les produits liquides et gazeux qui s'échappent du fumier sont doués d'une grande puissance fertilisante ; la seconde (*fig.* 18) met en évidence le pouvoir absorbant de la terre arable.

Trois pots à fleurs remplis de terre ordinaire presque stérile et ensemencée de gazon ou d'une céréale suffisent à la réalisation de chacune d'elles. L'un des trois pots (D) sert de témoin et ne reçoit que de l'eau ordinaire d'arrosage ; le second (A) a reçu du purin ; le troisième, selon le groupe, reçoit seulement les gaz produits par la fermentation du fumier et du purin (*fig.* 17), ou bien il reçoit d'abord du purin, puis on le soumet à un lavage très abondant qui ne diminue pas sa fertilité (*fig.* 18).

La valeur des engrais perdus annuellement en France dépasse un **demi-milliard** : on rendrait un grand service aux cultivateurs en leur

17. Puissance fertilisante des produits liquides et gazeux du fumier.

Les trois pots sont ensemencés de gazon : A a reçu du purin ; C reçoit le gaz dégagé du fumier en fermentation dans la bouteille B ; D n'a rien reçu. On renouvelle l'air de la bouteille en soufflant en S, soit au moyen d'un soufflet relié au tube par un caoutchouc, soit autrement.

persuadant que le premier progrès qu'ils peuvent réaliser, sans avances de fonds, consiste à diminuer cette perte énorme. Les expériences précédentes rendront cette perte évidente, et si on les complète par des indications précises, données sur place, en présence d'un fumier bien ou mal tenu, il y a de grandes chances pour que la leçon porte ses fruits. Les instituteurs peuvent faire beaucoup pour obtenir bientôt la disparition, dans les rues de nos villages, de ces ruisseaux de purin qui empestent l'atmosphère, souillent l'eau des abreuvoirs et parfois celle des puits, au lieu d'aller porter la fertilité dans le champ ou la prairie du laboureur qui néglige de les recueillir et se plaint de l'insuffisance de ses récoltes.

Les expériences qui viennent d'être indiquées sont nécessaires comme base de tout enseignement agricole ; il serait bien désirable qu'elles fussent réalisées dans toutes les écoles rurales au moins une fois chacune dans une période de deux ans, de façon que chaque enfant de plus de onze ans les ait toutes suivies.

Ces expériences, ou d'autres analogues, ne demandent qu'un peu de soin et ne coûtent presque rien; elles forment l'introduction naturelle et nécessaire de celles qui seront réalisées ensuite dans le champ de démonstration.

II. Champ de démonstration. — On ne saurait recommander une trop grande prudence dans l'organisation d'expériences qui ont

18. Pouvoir absorbant de la terre arable.

La terre des pots nos 1 et 2 a été imbibée de purin; le pot n° 2 a été ensuite lavé abondamment par la pluie: le n° 3 n'a rien reçu : c'est le témoin.

avant tout pour but de montrer aux agriculteurs comment il faut s'y prendre pour obtenir, dans un sol donné, un rendement plus rémunérateur que celui obtenu par les procédés ordinaires. Il faut se souvenir ici que les formules applicables partout n'existent pas, et que l'engrais le meilleur pour la plante cultivée doit renfermer *ce qui manque au sol* pour la nourrir.

La connaissance du sol est donc nécessaire pour la détermination des éléments fertilisants à employer dans les parcelles servant aux expériences; aussi les maîtres agiront-ils sagement en opérant d'après les conseils d'un professeur spécial ou d'un praticien instruit. Ils devront en tout cas se méfier de l'emploi des doses exagérées d'engrais et prendre toujours comme terme de comparaison ce qui se fait dans le pays. C'est ainsi que le plus simple des champs de démonstration devra toujours comporter les trois parcelles suivantes (19) :

N° 1. Témoin (sans engrais);

N° 2. Fumier seul en dose égale à celle communément employée dans le pays (de 10 à 30 tonnes à l'hectare);

N° 3. Fumier à la même dose, avec addition d'engrais complémentaires dans une proportion déterminée par la nature du sol et par celle des végétaux cultivés.

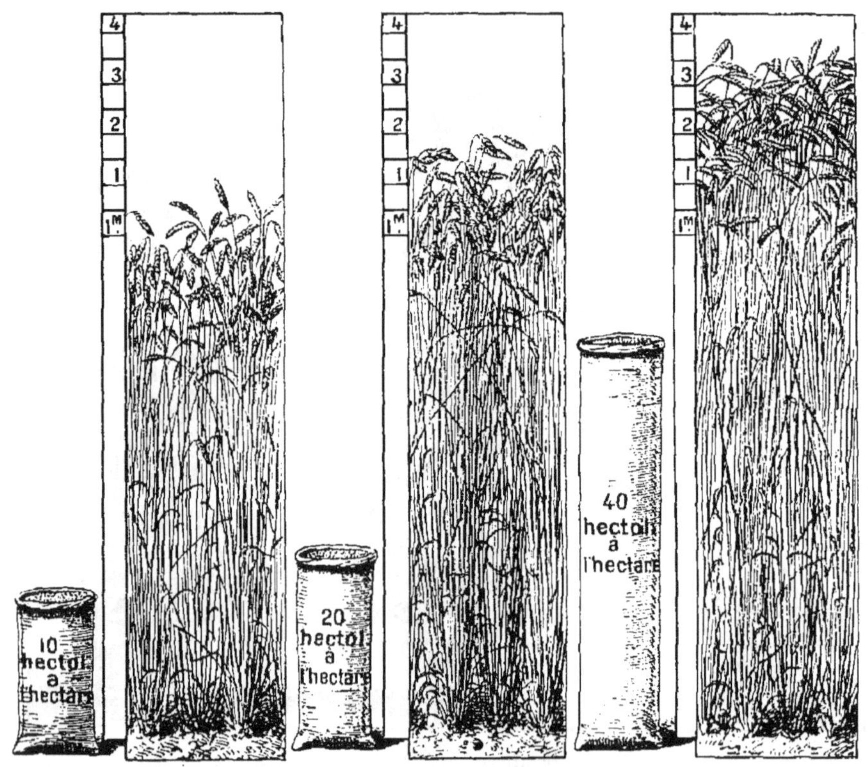

19. Champ de démonstration semé en blé d'Alsace.

L'engrais complémentaire ajouté au n° 3 a été déterminé, d'après la connaissance du sol, par le professeur d'agriculture.

Dans d'autres parcelles, on pourra, à titre de renseignement supplémentaire, varier la nature de l'engrais de la troisième parcelle en supprimant tel ou tel des éléments composants.

C'est en qualité de collaborateur à l'œuvre du professeur départemental d'agriculture que l'instituteur s'occupera du champ de démonstration; mais c'est dans son propre jardin qu'il fera ses expériences les plus concluantes en s'attachant à propager les meilleures espèces de légumes et de fruits. Il y a lieu d'insister sur ce point particulier : la culture fruitière et potagère peut lui permettre de faire œuvre utile, sans sortir de son rôle, tout en y trouvant personnellement la source de quelques profits.

La participation des élèves aux travaux précédents sera subordonnée à leur âge, à leur habileté manuelle comme à leurs connaissances scientifiques. Il serait difficile d'établir une règle à cet égard : ici, la plupart des élèves assisteront en simples spectateurs à la taille, au greffage, etc., d'un arbre fruitier; là, les plus grands manieront eux-mêmes le sécateur ou la serpette et acquerront même l'habileté exigée pour l'obtention du diplôme de greffage de la vigne; ailleurs, tous s'exerceront à l'arrosage, au sarclage, etc., d'un carré de jardin consacré aux expériences. Il suffit que l'exercice soit raisonné et que le travail intellectuel y ait sa part comme le travail manuel.

III. Promenades agricoles. — Elles serviront de préparation et de complément aux leçons faites en classe sur les minéraux, les roches, les sols *principaux du pays*, sur les insectes et les plantes utiles ou nuisibles, les opérations essentielles de culture, le maniement des outils aratoires, l'épandage des engrais, les semailles, les récoltes, etc.

Ce qu'il importe de dégager de l'observation des travaux agricoles ou de leur examen, c'est l'application des notions scientifiques établies ou à établir dans les leçons ordinaires. Il ne suffit pas, par exemple, de montrer comment le labour ameublit la terre végétale ; il faut surtout faire comprendre que l'ameublissement facilite le développement des racines, met à leur disposition les engrais, leur assure, par l'aération qui en résulte, la provision d'oxygène indispensable à leur respiration, etc. Il en sera de même pour l'explication de la plupart des autres opérations culturales.

Voici l'indication des principaux sujets d'études et la nature des observations à faire dans les promenades et les exercices pratiques communs au cours moyen et au cours supérieur.

Labours. — Dispositions des diverses pièces de la charrue; comment les bandes du labour sont coupées par le coutre et le soc et retournées par le versoir dont la forme est celle d'une portion de pas de vis; distance de la pointe du coutre à celle du soc selon la ténacité du sol. Comment sont obtenus l'ameublissement du sol, son *aération*, son *mélange avec les engrais*, l'utilisation de l'eau du sous-sol. Comment on règle la *profondeur du labour. Époque* et nombre de labours, en culture, en *jachère*.

Hersage et roulage. — Disposition des dents de la *herse*, effets produits par leur choc : *nivellement* et *pulvérisation* superficielle ; conséquences selon que la terre est argileuse ou sableuse si la pluie survient; *durcissement* produit et aération entravée. Action de la herse sur les *semis*, sur le *chiendent* et autres *mauvaises herbes*. Écrasement des mottes par le rouleau ; *nivellement* en vue de faciliter plus tard le fauchage. *Rechaussement* des céréales d'hiver soulevées par les gelées. *Époque* des hersages et des roulages.

Emploi des engrais. — *Traitement* et *épandage* du fumier, du purin. Engrais divers. Emploi avant et après le labour. Engrais employés en couverture dans les cultures, dans les prairies, dans le jardinage ; effets du fumier dans les couches à primeurs.

Semailles. — Conditions nécessaires à la germination : influence de la profondeur des semis, de l'époque. Quantités de semence.

Taille et greffe des arbres fruitiers, des arbustes, de la vigne.

Dans les vignobles phylloxérés, les exercices du greffage de la vigne sur table seront l'objet d'un soin tout particulier.

Menues façons du sol. — *Buttage*, développement des racines adventives ; *binage*, destruction des mauvaises herbes ; aération des racines superficielles ; dangers d'un binage trop profond pour certaines cultures, vignes, etc. *Sarclages.*

Assolements. — Succession des plantes à racines profondes aux plantes à racines superficielles ; nitrates retrouvés dans le sous-sol. *Engrais verts. Jachère.*

Récoltes. — Opérations principales, traitement, conservation et estimation des *récoltes faites dans le pays.*

Le maniement des outils mécaniques, tels que râteau à cheval, faucheuse, moissonneuse, semoir, batteuse, trieur, hache-paille, etc., fournira, s'il y a lieu, la matière d'explications intéressantes données par l'instituteur ou par l'homme du métier qui en fait usage.

CONCLUSIONS

En résumé, les explications relatives aux travaux qu'exécute le cultivateur dans ses champs ou ses vignes, dans sa grange ou son cellier, dans son étable ou sa basse-cour, s'appuieront essentiellement d'observations faites sur nature ; elles donneront lieu à des leçons proprement dites en classe, avant ou après l'excursion, à des résumés écrits, à des commentaires faits, le plus souvent, à l'occasion de lectures appropriées.

Sans doute, l'enfant sortant de l'école élémentaire, même après un temps normal de scolarité et une fréquentation régulière, n'emportera, au point de vue de la science agricole, que des *notions ;* mais, si on lui en a rendu l'étude attrayante, intéressante, il la continuera pour peu qu'il en trouve les moyens.

L'introduction dans les bibliothèques populaires de livres d'agriculture bien choisis, de publications spéciales à la culture de la région, constitue l'un de ces moyens, mais il serait insuffisant. Il faut que l'adolescent non seulement conserve, mais perfectionne et étende les connaissances qu'il a acquises étant enfant, et il le fera avec une facilité croissant avec l'âge, à la condition d'éviter les interruptions trop longues. On ne saurait donc trop soutenir et encourager le zèle des maîtres qui rouvrent l'école à leurs anciens élèves pendant quelques-unes des longues soirées de l'hiver. Quelques causeries familières, des lectures, des exercices pratiques bien choisis, une conférence avec expériences ou projections de temps à autre, voilà qui suffit à provoquer, chez les jeunes gens, un effort intellectuel très profitable au progrès.

En matière d'enseignement agricole, comme pour tout le reste, l'œuvre de l'école resterait très imparfaite si on ne lui assurait une continuation, un lendemain.

LE JARDIN SCOLAIRE

A l'Exposition de 1900, en bordure de l'avenue de Suffren, se trouvaient reproduites, sous forme de jardin scolaire modèle, les principales cultures démonstratives recommandées par l'Instruction

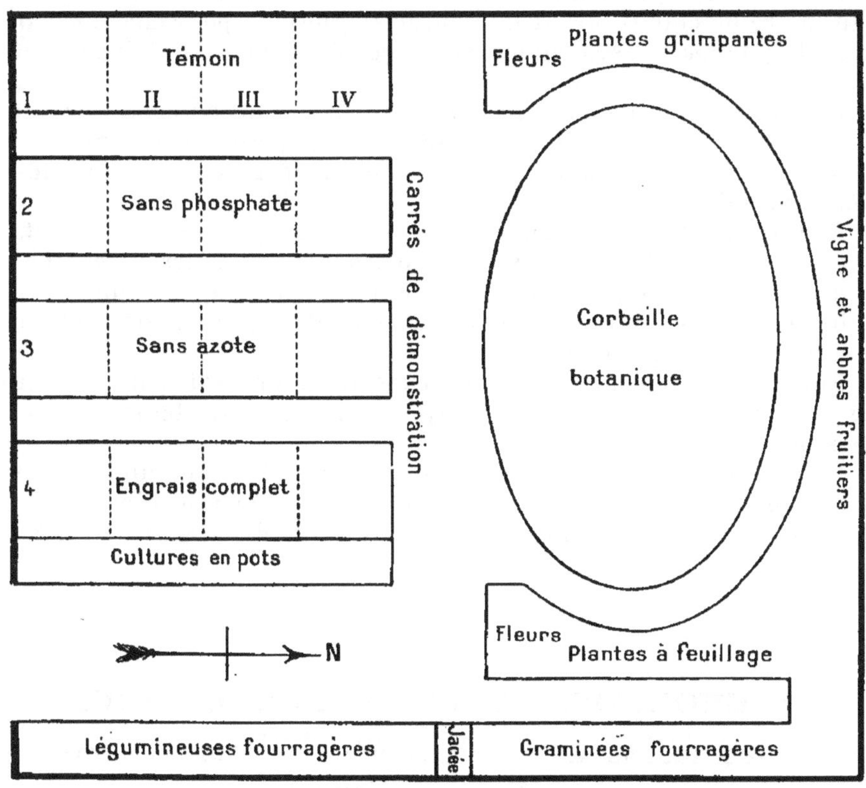

20. Plan d'un jardin scolaire modèle.

ministérielle du 4 janvier 1897. Peut-être n'est-il pas sans intérêt, pour les maîtres, d'en rappeler les dispositions essentielles.

Le plan ci-dessus en indique l'aménagement. La surface totale était de 75 mètres carrés dont 25 au moins pour les allées; les cultures couvraient donc à peine la moitié d'un are; encore toute la partie réservée à l'ornementation et à l'arboriculture aurait-elle pu être distraite du jardin scolaire proprement dit, puisqu'elle existe généralement dans un jardin ordinaire. On peut donc trouver partout, à la campagne, le terrain nécessaire aux expériences indispensables.

Le sol des carrés de démonstration était constitué par une terre sableuse à peu près stérile : il était partagé en quatre bandes séparées par des cloisons en planches qu'on peut remplacer avantageusement par une petite allée. La première bande constituait le terrain sans engrais, la quatrième avait reçu une fumure complète ; les deux autres une fumure incomplète : l'azote manquait à l'une, l'acide phosphorique à l'autre.

En outre chaque bande était partagée en quatre carrés égaux d'un mètre de côté recevant une culture différente pour chacun, par exemple : 1° maïs, 2° pommes de terre, 3° choux, 4° épinards et poireaux.

Les cultures en pots destinées surtout aux leçons en classe étaient placées dans une sorte de caisse étroite ou de petit fossé, contenant du sable maintenu humide. (Voir ci-devant, page xxiv, les précautions à prendre.)

Une bande étroite de bonne terre bien fumée, divisée en 25 petits rectangles, était affectée aux principales plantes fourragères. Les familles botaniques les plus importantes figuraient dans une corbeille centrale entourée de fleurs ornementales, de rosiers et de quelques plantes grimpantes.

Enfin, contre un mur en bonne exposition, on avait palissé de la vigne et des arbres fruitiers envoyés, par des instituteurs, comme spécimens du travail de leurs élèves.

Ce jardin devrait être reproduit dans toutes les communes, sans préjudice des essais à réaliser dans le jardin même de l'instituteur et n'entraînant pour lui-même aucune perte ni dépense. (Voir ci-devant, page xxiv.)

DU CHOIX DES SUJETS D'AGRICULTURE

pour les leçons à l'école rurale et pour l'examen du certificat d'études.

Dans le choix des sujets pour l'examen du certificat d'études primaires, il ne faudrait pas confondre les *questions d'agriculture* avec la *rédaction* lorsque celle-ci porte sur un sujet scientifique : ce sont deux épreuves distinctes, ayant chacune son but, et qui par conséquent ne sauraient faire double emploi.

Celle de rédaction est choisie (art. 256 — 3°) dans l'un des trois ordres de sujets ci-après : *a*) instruction morale ou civique ; *b*) histoire et géographie ; *c*) notions élémentaires des sciences avec leurs applications.

L'Instruction officielle (voir ci-devant, pages XII à XX) indique assez nettement le cadre de ces notions scientifiques élémentaires. Elle signale également, dans les programmes du second semestre pour les deux cours moyen et supérieur, les sujets d'agriculture que peut comporter l'enseignement des écoles rurales; on en trouvera plus loin une cinquantaine constituant un ensemble suffisamment complet qu'on peut répartir en six chapitres :

I. Végétaux cultivés.
II. Sol arable.
III. Engrais.
IV. Cultures démonstratives.
V. Cultures régionales.
VI. Promenades agricoles.

Les autres sujets appartiennent plutôt à la rédaction scientifique proprement dite s'ils sont élémentaires, ou bien au domaine de l'enseignement primaire supérieur s'ils sont professionnels, ce qui suffit pour les écarter. On sortirait tout à fait de la réglementation officielle en posant, par exemple, à des enfants d'une douzaine d'années, une question de zootechnie, de phytotechnie, ou en leur demandant de décrire, nécessairement sans figures, tout ou partie d'une machine agricole. Et puis il faut savoir se borner.

L'arrêté du 27 juillet 1908 continue bien à spécifier que les questions d'agriculture seront choisies dans le programme du cours moyen. Mais quand on lit, dans les journaux scolaires, le texte des sujets proposés aux examens du certificat d'études, on demeure convaincu que les questions d'agriculture dépassent généralement le niveau du cours moyen, ce qui est du reste conforme à la lettre et à l'esprit de l'Instruction ministérielle précitée lorsqu'elle formule ainsi la règle à suivre :

« *Les enfants de douze ou treize ans devront recevoir un enseignement agricole plus étendu que celui qui est représenté par le programme du cours moyen;* **les maîtres ajouteront donc à ce qui précède,** *pour leurs plus grands élèves,* **tout ce qu'ils pourront du programme suivant** dont l'application ne présentera aucune difficulté sérieuse, si les notions scientifiques fondamentales ont été préalablement établies d'après des expériences simples réalisées en classe et des observations faites sur nature. » (Voir ci-devant, page XVIII.)

En résumé, pour choisir judicieusement les questions d'agriculture qui devront être étudiées expérimentalement à l'école rurale, et qu'un candidat au certificat d'études peut avoir à résoudre à l'examen, une juste mesure s'impose entre les deux niveaux du cours moyen et du cours supérieur : elle est indiquée ci-après suivant l'esprit même des règlements en vigueur.

L'AGRICULTURE au Certificat d'études

Questions et Réponses

Par RÉNÉ LEBLANC
Inspecteur général honoraire de l'Instruction publique

Livret de l'Élève

PARIS. — LIBRAIRIE LAROUSSE
RUE MONTPARNASSE, 13-17. — SUCCURSALE : RUE DES ÉCOLES, 58 (SORBONNE)

AVERTISSEMENT

Les cinquante sujets réunis dans ce livret englobent à peu près toutes les questions d'agriculture accessibles aux intelligences de douze ou treize ans, et répondent aux exigences de la réglementation officielle.

Ils sont tous présentés sous la même rubrique, **Choses vues**, suivie d'un rapide exposé rappelant l'expérience, la manipulation, l'opération agricole à laquelle l'élève aura assisté, sinon participé. Aucun d'eux ne saurait être traité en une heure par des enfants; c'est pourquoi on les a tous fractionnés en plusieurs questions qui feront l'objet de *devoirs écrits* ou *d'interrogations*, en classe.

Ce que l'on demande au candidat, à l'examen du certificat d'études primaires, c'est de *résumer ses propres observations* sur un fait d'agriculture expérimentale et scientifique très élémentaire, de dire *ce qu'il en a vu* et, s'il y a lieu, d'en tirer des conclusions pratiques.

R. L.

I. — VÉGÉTAUX CULTIVÉS

1. Germination.

CHOSES VUES. — *Placer quelques haricots dans un fragment d'éponge ou dans de la mousse humide, en semer quelques autres dans un petit pot à fleurs rempli de terre légère ou de sable fréquemment arrosé; disposer le tout dans une assiette à demi remplie d'eau et qu'on ne laissera jamais à sec. L'expérience étant réalisée en milieu tempéré (10° à 20°), l'observer chaque semaine pendant un mois.*

OBSERVATIONS RÉSUMÉES ET CONCLUSIONS. — Des graines mûres et saines peuvent se conserver sans altération, dans un endroit sec, pendant plusieurs années. Soumises à l'humidité, dans un milieu tempéré et aéré, elles germent.

Un grain de haricot, par exemple, se gonfle dans de la mousse humide, en absorbant de l'eau; sa peau ou *tégument* se ride comme du papier qu'on a mouillé, puis, après quelques jours, se déchire et se soulève en laissant apparaître deux masses charnues, les *cotylédons*.

Au bout d'une semaine, les haricots placés dans l'éponge ou la mousse humide sont fendus; les cotylédons se sont écartés comme les pièces d'une charnière

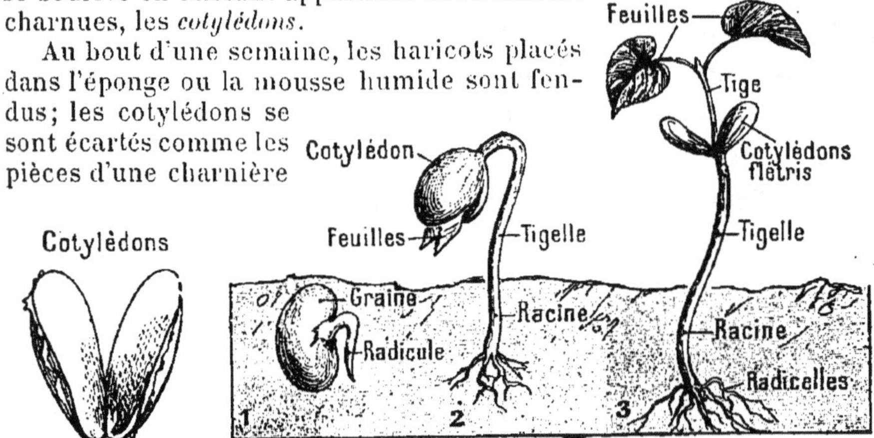

21. Graine ouverte. 22. Germination d'un haricot.

et, à leur point de jonction, on distingue, en les écartant tout à fait (21)*, l'*embryon* ou germe qui s'allonge en deux filets cylindriques se dirigeant l'un en haut, la *tigelle,* l'autre en bas, la *radicule;* un peu plus tard, celle-ci devient la racine (22).

Si, d'autre part, on observe le semis du pot à fleurs, on voit la

* Les chiffres entre parenthèses renvoient aux figures; le temps manquerait au candidat pour les reproduire à l'examen; mais elles lui rappelleront les principales *choses vues.*

tigelle sortir du sable en forme de crosse d'abord (22-*2*); la crosse se redresse ensuite avec les cotylédons entre lesquels apparaît la *gemmule* formée de deux petites feuilles et d'un frêle bourgeon : la *tige* est alors constituée (22-*3*).

La jeune plante se trouve donc esquissée; elle a vécu jusqu'ici de la petite provision de nourriture renfermée dans les cotylédons; cette provision étant épuisée, les cotylédons se flétrissent et tombent; mais les organes sont formés qui pourront désormais absorber les éléments indispensables au développement du végétal, s'ils les trouvent dans l'air et dans le sol.

Certaines graines, comme celles des graminées, n'ont qu'un seul cotylédon; dans un grain de blé, par exemple, la nourriture de l'embryon est fournie par la matière farineuse qui entoure l'unique cotylédon (23); mais il faut, comme au haricot, de l'eau et de la chaleur pour provoquer la germination.

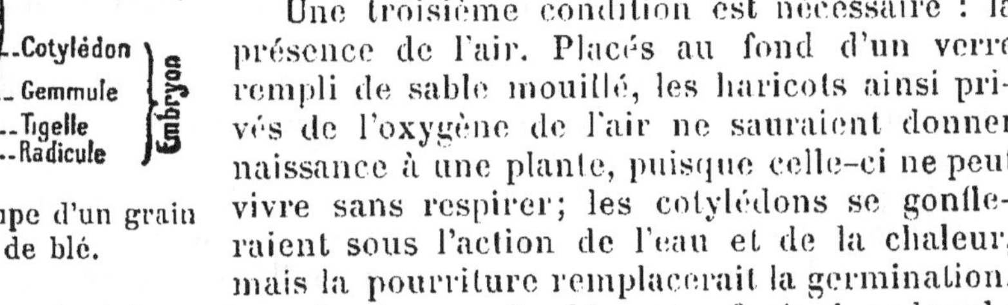

23. Coupe d'un grain de blé.

Une troisième condition est nécessaire : la présence de l'air. Placés au fond d'un verre rempli de sable mouillé, les haricots ainsi privés de l'oxygène de l'air ne sauraient donner naissance à une plante, puisque celle-ci ne peut vivre sans respirer; les cotylédons se gonfleraient sous l'action de l'eau et de la chaleur, mais la pourriture remplacerait la germination. Il en est ainsi de toute graine trop profondément enfouie dans le sol : elle ne germe pas, faute d'air, et elle pourrit si la terre est humide.

Le concours simultané de l'air, de l'eau et de la chaleur est nécessaire à la germination de toute graine.

DEVOIRS ÉCRITS OU INTERROGATIONS

Décrire les phénomènes observés pendant la germination d'un haricot jusqu'à la chute des cotylédons.

De quoi la jeune plante a-t-elle vécu pendant la germination de la graine; de quoi vit-elle ensuite ?

Conditions nécessaires à la germination d'une graine.

2. Vie et nourriture de la plante.

CHOSES VUES. — ***Du bois brûle dans le foyer : que s'échappe-t-il par la cheminée, que reste-t-il sur l'âtre? De ces observations, déduire la nature des principaux éléments constitutifs des végétaux.***

OBSERVATIONS RÉSUMÉES ET CONCLUSIONS. — Un végétal est un être vivant : il naît de la graine, comme l'oiseau de l'œuf; il se nourrit, se développe, fructifie et meurt.

Pendant la germination, il consomme la nourriture mise en réserve dans la graine; ensuite il puise dans l'air par ses feuilles et dans le sol par ses racines les *matériaux nécessaires au développement* de ses tissus. Ces matériaux atteignent, pour certains végétaux tels que les arbres, un poids considérable : après la germination d'un gland, par exemple, la plantule pèse quelques grammes; plus tard, le poids du chêne atteint des centaines de kilos.

De quoi sont faits les tissus végétaux ? — Des mêmes éléments, quelles que soient les plantes; toutes sont formées d'eau, de charbon, de matières azotées et *minérales*, identiques pour chacune d'elles.

Le charbon et l'eau, parfois l'azote, viennent de l'atmosphère, dont on ne saurait modifier la composition. Le reste est fourni par le sol auquel le cultivateur incorpore des engrais : la nature de ceux-ci est évidemment semblable à celle des matériaux constitutifs des tissus végétaux. Pour connaître la nature des aliments nécessaires à une plante, il suffit donc de savoir de quoi celle-ci est faite ; sa combustion peut nous l'apprendre.

En brûlant un végétal dans un foyer, on obtient deux sortes de produits : la fumée *qui s'échappe par la cheminée* (*il en sera question* plus loin) et les cendres qui restent sur l'âtre.

La proportion de cendres fournie par un végétal varie non seulement avec les espèces de plantes, mais suivant leurs différentes parties : à poids égal de matière sèche, les feuilles et l'écorce en donnent plus que le bois; la paille, les sarments de vigne, davantage encore ; les fanes de pommes de terre en laissent encore plus.

Une partie des cendres est soluble dans l'eau. En ajoutant de l'eau à des cendres bien calcinées, c'est-à-dire ne renfermant plus de débris de braise, et en faisant bouillir le tout pendant un quart d'heure, dans un chaudron ou une marmite de fonte, on obtient une lessive facile à décanter après repos.

D'une part, on égoutte les cendres sur un torchon.

D'autre part, on remet la lessive dans le vase de fonte préalablement bien nettoyé, et on porte à l'ébullition jusqu'à disparition à peu près complète du liquide : il reste une matière visqueuse, d'un gris sale, qui blanchit par calcination au rouge, sur une tôle (un couvercle de boîte à cirage suffit à cette opération).

La matière obtenue est surtout formée de *carbonate de potasse :* le gaz carbonique qui s'en dégage, sous l'action d'un acide, vient de la combustion du charbon formant le bois; les sels de potasse puisés dans le sol par les racines, entraînés ensuite par la sève, entrent dans la constitution du tissu végétal. La conclusion, c'est que *les végétaux renferment de la potasse* et qu'*il leur en faut pour vivre.*

Dans le résidu laissé sur le torchon, un chimiste trouverait du phosphate de chaux; outre la potasse, *les plantes exigent donc de l'acide phosphorique et de la chaux.*

Les cendres lessivées constituent par conséquent un engrais renfermant deux éléments fertilisants; non lessivées, elles en contiennent trois.

La fumée qui s'est échappée par la cheminée, pendant la combustion du bois, est surtout formée d'air entraîné par le tirage et plus ou moins appauvri en oxygène, puisqu'il en a fallu au combustible pour brûler. La fumée contient aussi les deux produits principaux de la combustion : la *vapeur d'eau* et le *gaz carbonique*. En outre, elle renferme des *matières azotées* qui se déposent avec le noir de fumée, sous forme de suie, contre les parois de la cheminée.

La suie, dont on a exagéré les propriétés fertilisantes, renferme divers produits ammoniacaux dans la proportion de 3 à 10 pour 100 (soit de 1 à 3 ou 4 d'azote), selon la nature du combustible et le mode de combustion; la fumée de houille en donne plus que celle de bois. En faisant bouillir, pendant une demi-heure, de l'eau à laquelle on a mêlé son volume de suie, puis en filtrant le liquide qui s'en est égoutté, on obtient une dissolution de sels ammoniacaux reconnaissables à ce que, chauffés avec de la potasse caustique ou de la chaux, l'ammoniaque se dégage. Voici un moyen simple de réaliser l'expérience. Si l'on *éteint*, sur une soucoupe, un petit morceau de chaux vive en l'arrosant d'une lessive concentrée de suie, la vapeur qui se dégage exhale une forte odeur d'*ammoniaque*. Or l'ammoniaque, ou *alcali volatil*, est un composé d'*azote* et d'*hydrogène* qui se forme par la combustion des *matières organiques azotées :* combustion vive dans un foyer, combustion lente, par exemple dans le fumier, pendant sa putréfaction.

L'azote de la suie provient de la plante brûlée dans l'âtre ; pour vivre et se développer, cette plante a donc dû trouver des matières azotées dans le sol où plongeaient ses racines.

De ce qui précède, on peut conclure qu'une terre sera fertile si elle contient, en quantité suffisante, et sous forme convenable pour être assimilés par les plantes qu'on y cultive, les quatre éléments nutritifs essentiels : *l'azote, l'acide phosphorique, la potasse* et *la chaux*.

D'autres substances entrent, en outre, dans la composition des végétaux et, par suite, doivent exister dans le sol qui les alimente ; mais toutes les terres en sont suffisamment pourvues et l'agriculteur n'a pas à s'en préoccuper.

DEVOIRS ÉCRITS OU INTERROGATIONS

Quelles sont les substances fertilisantes contenues dans la cendre des végétaux ?

Nature des produits gazeux qui s'élèvent dans une cheminée pendant la combustion du bois.

Quelle substance fertilisante renferme la suie? Indiquer une expérience permettant d'en reconnaître la nature ; d'où vient cette substance?

Où les végétaux prennent-ils les éléments constitutifs de leurs tissus?

Indiquer la nature des éléments fertilisants que l'agriculteur doit fournir, sous forme d'engrais, aux plantes cultivées.

3. Racines.

CHOSES VUES. — *Culture d'une plante dans l'eau; examen de ses racines : coiffe, poils absorbants. Longueur des racines.*

OBSERVATIONS RÉSUMÉES ET CONCLUSIONS. — Quand on arrache une plante, même avec précaution, on détériore ses racines et il devient difficile de se rendre compte de leur contexture. L'observation est au contraire des plus faciles si les racines se développent dans l'air humide (mousse bien mouillée), ou, mieux encore, à même dans l'eau, pourvu que l'air puisse intervenir, car l'oxygène est indispensable à la vie des racines : elles respirent comme le reste de la plante. Voici comment se réalise l'une des plus simples expériences de *culture dans l'eau.*

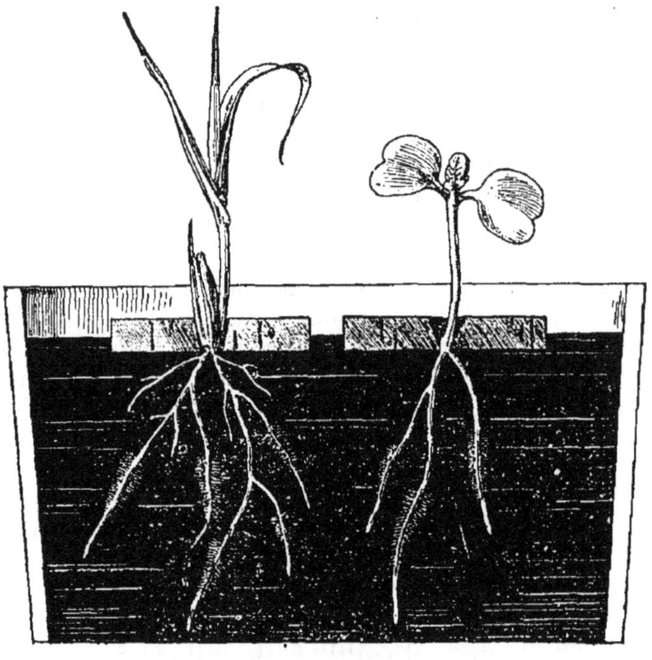

24. Culture dans l'eau.
Germination d'une monocotylédone (avoine), d'une dicotylédone (radis) ; racines avec coiffe et poils absorbants.

Une rondelle de deux ou trois millimètres d'épaisseur, taillée dans un bouchon de liège, est percée, en son centre, d'un petit trou où l'on place une graine (crucifère ou graminée, par exemple). Pour empêcher la graine d'abord, la plantule ensuite, de tomber au fond de l'eau, on donne au trou une forme conique, ou mieux on croise, dans sa partie inférieure, deux fils passés avec une aiguille à coudre. Le liège supportant la graine est mis en flotteur sur un verre d'eau qu'on abandonne dans un endroit tempéré (24).

Après deux ou trois semaines, la germination est terminée et la jeune plante pourvue de feuilles et de racines (*) ; en examinant cel-

(*) Pour continuer l'expérience, il faudrait ajouter à l'eau du verre de quoi nourrir la jeune plante (engrais liquide).

les-ci avec attention, en s'aidant au besoin d'une loupe, on distinguera, à leur extrémité, une sorte de capuchon, appelé *coiffe*, plus résistant que le reste de la racine et destiné à la protéger à mesure qu'elle s'avance dans la terre.

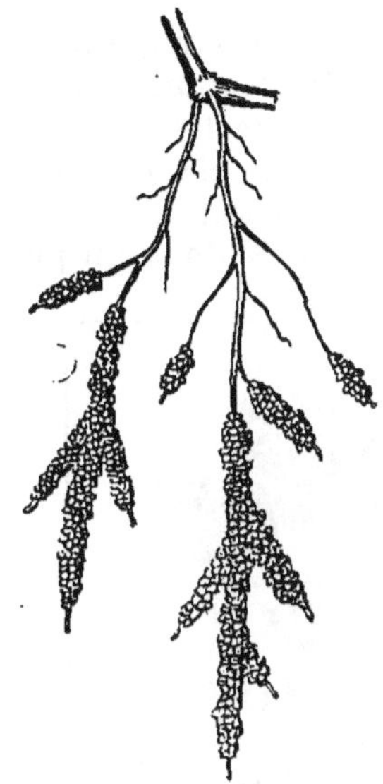

25. Racine de chiendent.
Les poils absorbants sont recroquevillés sur les grains de terre.

Cette coiffe n'est pas spongieuse, elle ne ressemble en rien à un suçoir; ce n'est pas par là que les matières nutritives pénétreront dans le végétal, mais un peu plus haut, dans une partie revêtue d'une sorte de duvet formé de filaments transparents, très fins, appelés *poils absorbants* (24).

Ils se distinguent très bien quand on place le verre contenant l'expérience dont il s'agit entre l'œil et la flamme d'une lampe ou d'une bougie ou, en pleine lumière, en face d'un objet noir. Ils naissent à une distance de la coiffe variant de quelques millimètres à plusieurs centimètres ; l'ensemble présente la forme d'une brosse conique dont les plus longs poils, qui sont aussi les plus âgés, disparaissent à mesure que la racine s'allonge. La surface de la région absorbante se trouve considérablement augmentée par cette houppe de poils qui constitue la partie la plus intéressante de la racine; le reste en effet est lisse et n'absorbe rien : son rôle se borne à fixer la plante au sol et à conduire les matières nutritives, par les vaisseaux de la tige, dans les feuilles où s'élabore la sève.

En arrachant une plante, on ne voit pas les poils absorbants de ses racines; enroulés, recroquevillés sur les grains de terre, ils se brisent par l'arrachage; cependant, en soulevant avec précaution des racines de chiendent poussant en sol sableux, on les voit recouvertes d'une sorte de manchon formé de terre fine retenue par les poils absorbants (25).

26. Attaque d'un engrais insoluble par le suc acide des racines.
La plaque provient d'un peigne en os.

Quand une membrane animale ou végétale sépare deux liquides différents, le mélange de ceux-ci se fait peu à peu à travers le tissu membraneux ; ce phénomène s'appelle *osmose*, ou *diffusion*.

Le passage des liquides du sol dans un végétal se fait par diffusion à travers les membranes qui enveloppent les poils absorbants. Mais, à l'exception des nitrates, les matières fertilisantes contenues dans un sol s'y trouvent dans un état insoluble; pour pénétrer dans la plante, il faudra donc qu'elles soient préalablement en dissolution : l'extrémité des racines contient un liquide acide capable de les dissoudre.

Pour s'en assurer, il suffit de placer, au voisinage de racines se développant, par exemple, dans de la mousse humide, un papier bleu de tournesol : tous les points de contact rougissent. Si donc un phos-

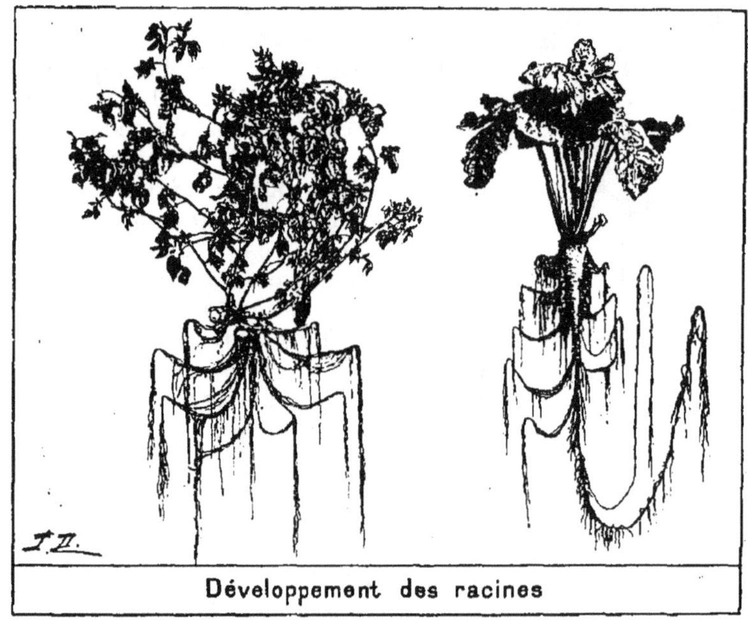

27. Reproduction, au 1/20, d'expériences dues à M. Aimé Girard, sur betterave et pomme de terre.

Les racines sont relevées et fixées, par de petits clous, sur un tableau.

phate insoluble, par exemple, se trouve en contact avec les poils absorbants, le liquide acide qu'ils renferment le dissout et la solution peut être absorbée en vertu du phénomène de diffusion.

Voici une expérience démontrant que les racines peuvent attaquer des matières fertilisantes insolubles dans l'eau.

Dans un petit pot à fleurs à demi rempli de sable ou de gravier, on dispose une plaque de marbre ou d'os bien polie; on achève de remplir avec du terreau dans lequel on sème des haricots. Lorsque les jeunes plants auront développé deux ou trois paires de feuilles, on pourra constater, en lavant la plaque, que les racines rampant à sa surface y ont laissé leur empreinte *en creux* (26). La matière solide, insoluble dans l'eau, a donc été dissoute au contact des racines. Par conséquent, pour qu'une matière fertilisante insoluble soit absorbée par un végétal, il faut qu'elle touche ses racines.

On ne saurait se faire une idée exacte du développement des racines, même quand on a pu les observer dans une tranchée pratiquée, par exemple, pour un drainage, ou sur les bords d'un chemin par le cantonnier. D'habiles expérimentateurs ont cultivé des céréales, des betteraves, des pommes de terre, etc., dans de grandes caisses remplies de terre meuble abondamment pourvue d'engrais. A la maturité, les racines ont été débarrassées, par un courant d'eau, de toute la terre qui les enveloppait (27); puis on a séparé avec soin racines, radicelles, etc., et les longueurs des unes et des autres ont été mesurées et totalisées : un seul pied de froment bien *tallé* poussant dans une caisse d'un demi-mètre de côté, par exemple, a fourni *plusieurs centaines de mètres de racines.* Une des conséquences de ce développement considérable est la suivante :

La région absorbante des racines se trouvant toujours au voisinage de leur extrémité, l'absorption des éléments nutritifs contenus dans le sol se fera progressivement sur tout le parcours de chaque racine ou radicelle ; de sorte que, si sur une portion de ce parcours, les matières nutritives assimilables font défaut, il en résultera un jeûne correspondant pour la plante et, par suite, une lacune dans le développement de ses tissus.

CONCLUSIONS : *L'air doit pénétrer facilement dans le sol, car les racines ne peuvent se passer d'oxygène ; elles respirent comme les feuilles ; elles doivent trouver partout leur nourriture, c'est-à-dire que l'engrais doit être intimement mélangé à la terre dans toutes les parties du sol où elles se développent. Les labours assurent l'aération et l'ameublissement du sol, ainsi que son mélange avec les engrais.*

DEVOIRS ÉCRITS OU INTERROGATIONS

Décrire l'expérience qui a permis de voir les poils absorbants d'une racine, et dire ce qu'on a observé.

Comment se fait l'absorption des substances nutritives nécessaires aux végétaux? Décrire une expérience montrant que les poils absorbants renferment un liquide acide capable de dissoudre certains corps solides.

Développement des racines et radicelles : donner une idée de leur longueur, ainsi que du parcours effectué dans le sol par les coiffes et les poils absorbants, puis en tirer une conclusion pratique relative à la répartition des engrais dans le sol.

4. Tiges.

CHOSES VUES. — ***Différentes sortes de tiges; circulation de la sève dans la couche génératrice; multiplication des végétaux par leur tige.***

OBSERVATIONS RÉSUMÉES ET CONCLUSIONS. — On appelle *tige*, dans un végétal, la partie qui porte des *bourgeons*, des *feuilles*, des *fleurs* ou des *fruits*. Les tiges d'arbres sont dites *ligneuses* parce qu'elles ont la consistance du bois; celles des céréales, des plantes fourragères, sont dites *herbacées*.

La plupart des tiges se développent au-dessus du sol, quelques-unes dans le sol : un tubercule de pomme de terre est une tige souterraine, elle porte en effet des yeux ou bourgeons.

Le tronc d'un arbre scié droit (28) présente des couches concentriques dont le nombre indique souvent l'âge du sujet; la dureté de ces couches va croissant, de la périphérie au centre. Cependant les jeunes tiges ligneuses renferment, en leur centre, une moelle plus ou moins abondante. Les céréales, les roseaux, les palmiers ont une tige creuse dont la partie la plus dure est à l'extérieur.

En examinant une tige ligneuse, on remarque d'abord, en dehors, l'*écorce*, puis, en pénétrant à l'intérieur, des couches dites *génératrices*, de plus en plus consistantes, en forme de feuilles appliquées les unes sur les autres, comme celles d'un livre (en latin *liber*), et qui, se durcissant d'année en année, finissent par former le *bois blanc* ou *aubier*; celui-ci, continuant à durcir, forme un bois plus consistant, le *cœur* (28).

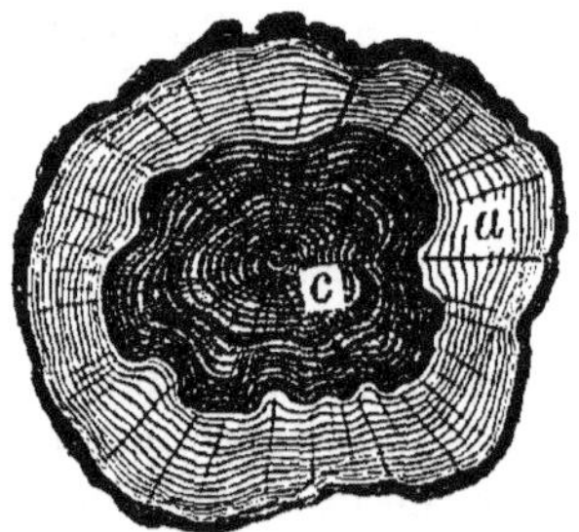

28. Coupe d'un tronc de chêne.
a, aubier; *c*, cœur.

Les jeunes tiges de saule, de lilas, se prêtent facilement, au printemps, à la séparation du bois et de l'écorce par les couches génératrices. A la même époque, la vigne *pleure* si on la taille, ainsi que beaucoup d'arbres fruitiers : c'est la sève qui s'échappe par l'aubier et le liber; le cœur reste étranger à la circulation, il n'est plus qu'un soutien.

On voit souvent de vieux arbres creux (saules, chênes, arbres fruitiers) dont le cœur pourri a disparu; ce qui reste du tronc continue à développer ses couches génératrices; la circulation n'étant pas interrompue, les rameaux reçoivent encore la nourriture prise par les racines. On prolonge l'existence des arbres creux, dans les promenades urbaines, par exemple, en remplissant les vides d'un béton qui remplace, comme support, le bois dur vermoulu.

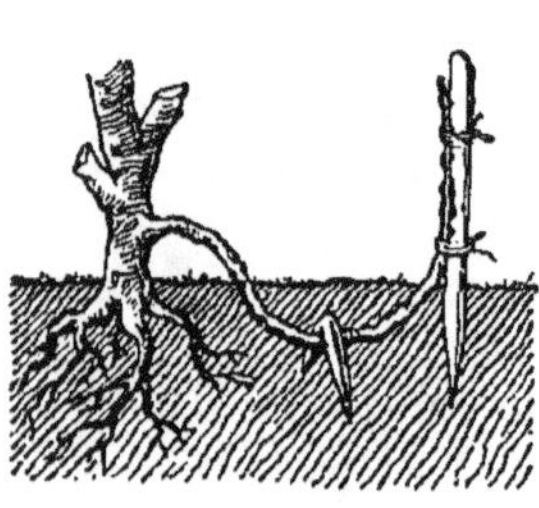

29. Marcotte.

Les couches génératrices sont le siège d'une double circulation : celle de la sève brute montant des racines aux feuilles, et celle de la sève élaborée qui descend dans l'aubier et le liber, où elle abandonne les matériaux nécessaires à la confection des tissus ligneux.

Quand on veut souder une tige à une autre par greffage, on assure le contact entre les couches génératrices du greffon et du sujet; sinon l'opération ne réussit pas. Quand une tige aérienne touche le sol, des *racines* dites *adventives* peuvent apparaître aux points de contact; on utilise cette propriété pour la reproduction de certains végétaux par *marcottage* et par *bouturage.*

La première opération consiste à coucher dans la terre un rameau dont on laisse reparaître seulement l'extrémité (29); on le détache de la plante mère quand les racines adventives sont suffisamment développées : marcottage de la vigne.

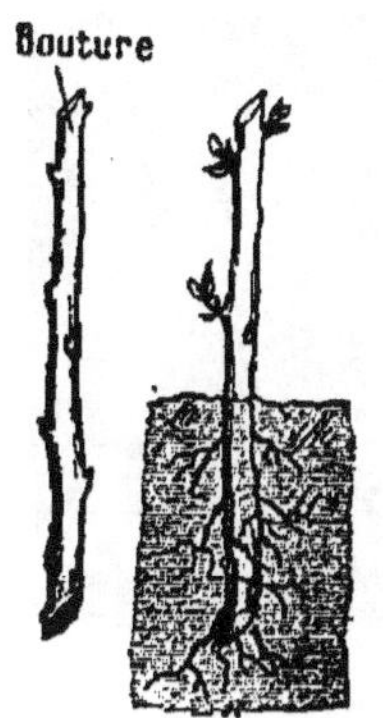

30. Bouturage.

On nomme bouture un rameau détaché qui, planté en terre, peut prendre racine (30). Le groseillier, la vigne, le saule, le peuplier, le rosier, le géranium, le fuchsia, etc., se reproduisent facilement par bouturage.

DEVOIRS ÉCRITS OU INTERROGATIONS

La tige dans les végétaux ligneux ou herbacés : la définir en prenant des exemples au jardin.

En examinant la section d'un tronc ou d'une branche d'arbre, que remarque-t-on en allant du centre à la périphérie? Différences suivant l'âge.

La sève; son mouvement dans les couches génératrices.

Multiplication des végétaux au moyen de leurs tiges; en exposer le principe et donner quelques exemples.

5. Feuilles.

CHOSES VUES. — *Structure de la feuille; absorption du gaz carbonique, rejet de l'oxygène. Respiration et transpiration.*

OBSERVATIONS RÉSUMÉES ET CONCLUSIONS. — La partie large et mince d'une feuille, le *limbe,* est rattachée à la tige par la queue ou *pétiole;* ses deux faces sont recouvertes d'un épiderme enveloppant un tissu vert, le *parenchyme,* enlacé dans un réseau de *nervures* et dont la nuance n'est pas la même des deux côtés. Ce réseau se distingue facilement quand on regarde une feuille par transparence; après l'hiver, les feuilles qui ont pourri dans les fossés ou les ruisseaux n'ont plus que des nervures, le parenchyme a disparu.

Les feuilles ne verdissent pas quand elles se développent dans l'obscurité (31), elles restent d'un blanc jaunâtre, comme celles de l'intérieur d'un chou ou d'une salade liée. La *chlorophylle* ou matière verte des feuilles ne se développe que sous l'action de la lumière; elle peut alors fabriquer les matériaux dont les tissus végétaux sont formés : en particulier, elle fixe le carbone du gaz carbonique contenu dans l'air ambiant et rejette l'oxygène. Une expérience assez délicate (32) permet de constater le dégagement de ce dernier gaz sous l'action chlorophyllienne.

On choisit de préférence des plantes poussant dans l'eau, du cresson, par exemple, et, après en avoir bien mouillé les feuilles de façon à ne laisser aucune bulle gazeuse adhérente, on les introduit dans une bouteille en verre blanc, préalablement remplie d'eau ordinaire ayant dissous un peu de gaz carbonique, soit en y faisant barboter, pendant quelques minutes, un courant de ce gaz venu d'un appareil qui en dégage, ou plus simplement l'air sortant des poumons, soit par addition d'un peu d'eau de Seltz.

31. Étiolement.

La bouteille ainsi préparée, débarrassée par agitation de toute bulle gazeuse intérieure visible, et complètement remplie, est retournée dans un vase plein d'eau et exposée en plein soleil pendant quelques heures : une infinité de petites bulles se forment à la surface des feuilles, se rassemblent peu à peu et montent contre le fond de la bouteille. Quand il s'en est dégagé une dizaine de centimètres cubes, on ferme, sous l'eau, d'un bouchon légèrement enfoncé, et l'on retourne la bouteille, dont le col forme ainsi une petite éprouvette à gaz (32) : une allumette presque éteinte s'y rallume, ce qui prouve qu'elle renferme de l'oxygène.

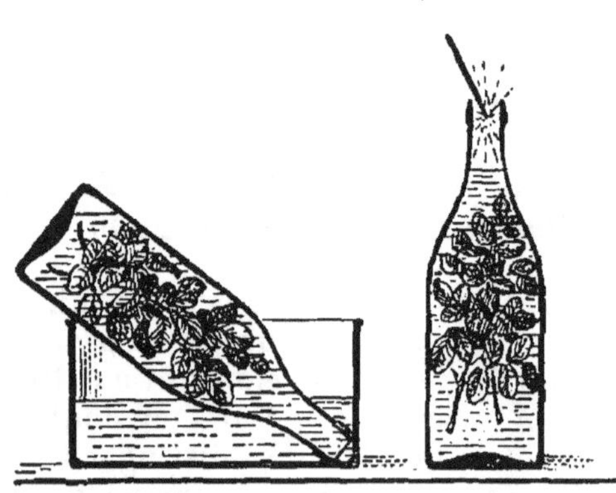

32. Fonction chlorophyllienne.

Avec de l'eau privée, par ébullition préalable, de gaz carbonique, la même expérience ne donne aucun dégagement gazeux ; on peut donc conclure que l'oxygène dégagé provient du gaz carbonique dissous dans l'eau et que le carbone de ce dernier a été absorbé. C'est là une fonction importante des feuilles, puisque le charbon forme environ la moitié de la substance sèche des végétaux; mais elle est encore mal connue. Quoi qu'il en soit, on peut dire que c'est dans la feuille verte que se combinent, sous l'action de la lumière, le carbone pris au gaz carbonique de l'atmosphère et les matériaux, eau et sels, formant la sève ascendante puisée dans le sol par les racines.

Les feuilles étant le laboratoire où se prépare la nourriture des tissus végétaux, leur disparition prématurée amènera fatalement des troubles profonds dans le développement du végétal lui-même ; c'est ainsi que les hannetons compromettent la récolte des arbres fruitiers dont ils dévorent les feuilles, le mildew celle de la vigne, et le cultivateur lui-même celle des betteraves qu'il effeuille.

Les feuilles ne sont pas seulement un organe de nutrition de la plante, elles sont aussi le siège principal de deux autres fonctions : la *respiration* et la *transpiration.*

L'épiderme des feuilles est criblé d'une multitude d'orifices infiniment petits nommés *stomates,* qui mettent le parenchyme en communication avec l'atmosphère; à l'aide d'un microscope puissant, on en peut compter plusieurs centaines dans un seul millimètre carré de surface.

33. Évaporation par les feuilles.

L'évaporation de la terre des deux pots étant la même de chaque côté, la différence de poids indique assez exactement la perte d'eau par la transpiration des feuilles.

Les stomates constituent un organe de *respiration :* nuit et jour ils aspirent de l'oxygène dans l'air et y rejettent du gaz carbonique. Mais pendant le jour le phénomène se complique de l'action chlorophyllienne ; le gaz carbonique de l'atmosphère, et sans doute aussi celui de la respiration du végétal, sont décomposés, et il se dégage seulement de l'oxygène. En somme, le résultat final se traduit par un dégagement d'oxygène pendant le jour et de gaz carbonique pendant la nuit; ce dernier ne présente pas les dangers d'asphyxie qu'on lui a souvent prêtés, heureusement pour les animaux qui dorment en pleine forêt.

Les stomates sont aussi le siège de la *transpiration* des végétaux ; c'est par eux que s'échappe, en vapeur invisible, l'eau en excès de la sève brute non utilisée pour la production de la sève élaborée. La quantité d'eau évaporée par une plante est considérable ; on peut s'en rendre compte en plaçant un pot à fleurs garni sur l'un des plateaux d'une balance et en faisant la tare de l'autre côté : on ne tarde pas à constater une diminution de poids du côté de la plante (33). On a calculé qu'un gros chêne portant 700000 feuilles perd, de mai à octobre, plus de cent tonnes d'eau par évaporation; un champ d'avoine d'un hectare en perd quatre fois moins, soit 250 hectolitres, mais en une seule journée. Quand la transpiration est trop active, sous une radiation solaire intense, la plante se fane; dans les jardins, on peut restituer, par des arrosages, une partie de l'eau évaporée; en grande culture, on ne saurait avoir recours qu'aux irrigations.

DEVOIRS ÉCRITS OU INTERROGATIONS

Description d'une feuille, sa structure; son rôle.

Couleur verte des feuilles, sa cause; étiolement.

Fonctions des feuilles; rappeler les plus importantes. Décrire l'expérience faite pour expliquer la fonction chlorophyllienne.

Évaporation de l'eau par les feuilles; expérience permettant d'en évaluer la quantité.

Dangers d'une évaporation trop rapide; moyens d'y remédier.

Que produirait la suppression des feuilles d'un végétal? Exemples.

6. Fleurs.

CHOSES VUES. — *Structure de la fleur : calice, corolle, étamines, pistil; fécondation, coulure; croisement, hybridation.*

OBSERVATIONS RÉSUMÉES ET CONCLUSIONS. — La fleur est le berceau de la graine; quand elle est complète, on y distingue, en allant de l'extérieur vers l'intérieur, un premier organe protecteur, ordinairement vert, le *calice* doublé d'un *calicule*, par exemple chez les mauves (34) et les œillets, et qui enveloppe complètement, comme dans le rosier, le bouton floral avant son épanouissement; un second organe protecteur plus délicat, généralement coloré et plus apparent, la *corolle*, recouvre directement les organes reproducteurs, les *étamines* et le *pistil;* parfois même, comme dans la mauve, il se referme momentanément sur eux pour les abriter de la fraîcheur nocturne ou des intempéries.

L'enveloppe protectrice se réduit au *périanthe* dans le lis, ou même à quelques écailles, comme dans les graminées (35).

Quand on coupe, perpendiculairement à son axe, une fleur complète (34), les *sépales* du calice, les *pétales* de la corolle et les étamines se présentent en cercles concentriques, ou *verticilles floraux*, autour de l'*ovaire* que surmonte le pistil. En représentant cet ensemble par un diagramme (34 et 35), on constate l'alternance de deux verticilles voisins, c'est-à-dire que les pièces de l'un couvrent les intervalles de l'autre; par exemple, dans la mauve, les sépales couvrent les interstices des pétales et les pièces du calicule s'appliquent sur les séparations des sépales. Une remarque analogue est applicable aux graminées, et, en général, à toutes les plantes à fleurs.

Chaque étamine est ordinairement formée de deux pièces: l'une déliée, le *filet;* l'autre en forme de petite masse poussiéreuse, l'*anthère*, fixée à l'extémité du filet. A maturité, l'anthère s'ouvre et laisse échapper le *pollen*, matière fécondante, jaunâtre le plus souvent (lis), pouvant se fixer sur le *stigmate* ou extrémité du pistil, et, de là, pénétrer jusqu'à l'ovaire pour transformer les *ovules* en graines.

Séparés l'un de l'autre, pollen et ovules se dessèchent; réunis, leur substance se confond et forme une sorte d'œuf qui deviendra graine.

La fécondation de l'ovaire est souvent favorisée par la visite des insectes qui viennent puiser, au fond de la corolle, un liquide sucré appelé « nectar » et dont les abeilles font du miel : le pollen s'attache au corps des insectes, à leurs pattes, et son contact avec le stigmate est assuré. Un rucher placé au voisinage d'un verger, d'un champ de colza, de sarrasin, assure, paraît-il, une augmentation notable de la récolte.

Les intempéries, telles qu'un vent humide et froid, contrarient la fécondation; il peut en résulter un avortement, qu'on appelle *coulure;* dans les vignobles, c'est un fléau d'autant plus grave qu'il est sans remède, sauf le cas où il provient d'un excès ou d'un manque de vigueur des ceps.

Pour que la fécondation s'opère, il n'est pas nécessaire que le pollen provienne de la fleur, ni même de la plante qui porte l'ovaire; dans le maïs, par exemple, les étamines sont au sommet de la tige, dans la *fleur mâle;* les pistils, beaucoup plus bas, sortent de la *fleur femelle*, placée à l'aisselle d'une feuille; dans le chanvre, les deux fleurs sont sur des pieds différents.

Le pollen des étamines d'une fleur, transporté par le vent ou par un insecte, peut féconder le pistil d'une autre fleur située parfois loin de la première. La fécondation peut être provoquée artificiellement entre deux sujets différents, pourvu qu'ils appartiennent à des espèces voisines. On choisit, par exemple, deux pieds de volubilis, l'un blanc, l'autre coloré, rose ou violet. Au premier épanouissement d'une corolle blanche on enlève délicatement les anthères; puis, quand les étamines d'une fleur colorée sont mûres, on touche de leurs anthères le stigmate de la fleur blanche dont la graine recueillie à maturité donnera des volubilis à fleurs bariolées.

Par un procédé analogue, on a obtenu des variétés nouvelles, ou *métis*, de plantes d'ornement, de légumes, de fruits, de vignes, de céréales, etc.

Si le croisement a lieu entre des sujets d'espèces voisines, mais différentes, on obtient des *hybrides;* ceux-ci sont généralement stériles; les métis, au contraire, portent des graines donnant parfois naissance à des sujets plus vigoureux que leurs parents.

DEVOIRS ÉCRITS OU INTERROGATIONS

Structure d'une fleur complète laissée au choix du candidat; alternance des verticilles floraux : représentation sous forme de diagramme avec explications.

Comment les ovules deviennent des graines; peut-on favoriser la fécondation, par quels moyens ?

Définir le métissage et l'hybridation; donner des exemples.

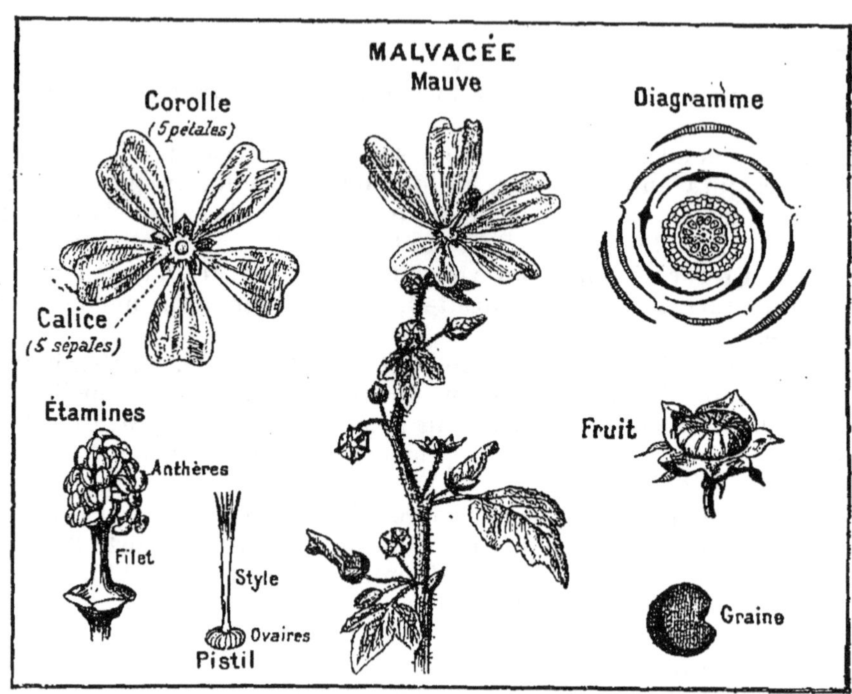

34. Fleur complète, dissection.

Les diverses pièces de la fleur et du fruit sont d'abord séparées, puis rassemblées et collées sur une feuille de papier, comme l'indique la figure ci-dessus; la coupe de la fleur entière est dessinée à côté, en diagramme.

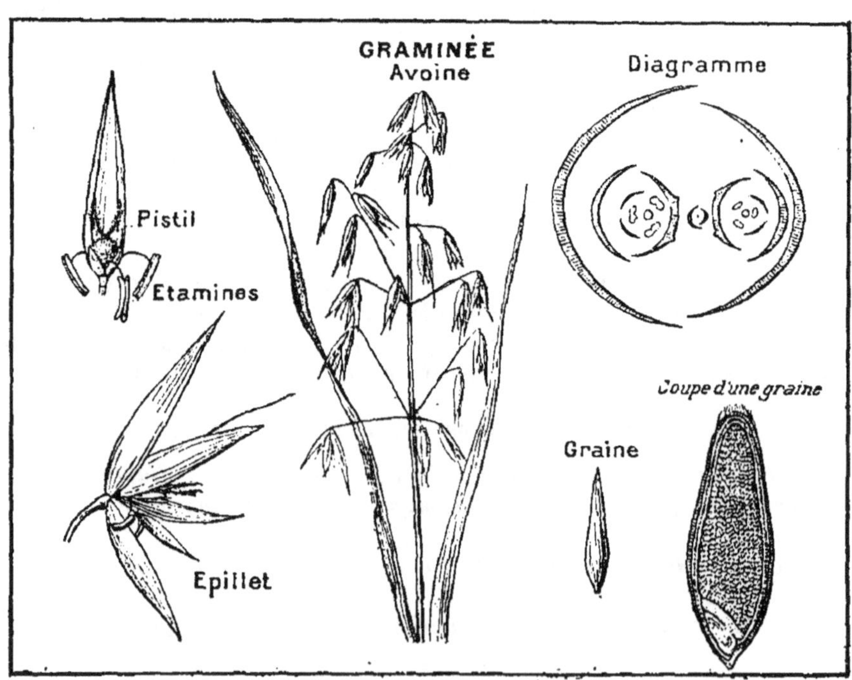

35. Fleur incomplète, dissection.

Même disposition du travail de l'élève que pour la figure 34.

7. Fructification.

Choses vues. — ***Phénomènes observés dans un champ de blé, et sur cultures démonstratives, pendant la fructification.***

Observations résumées et conclusions. — Quand l'ovaire d'une fleur a été fécondé, les ovules qu'il renferme commencent à se développer pour devenir des graines; dans le cas contraire, ils se dessèchent comme les autres organes floraux. La fructification consiste dans le développement de l'ovaire qui devient fruit.

Avant la floraison, la vie végétative, du moins s'il s'agit d'une plante annuelle, a eu pour but la constitution de ses organes; après, toute l'activité se porte sur le fruit, le but final de toute végétation étant la continuation de l'espèce. Les matériaux qui ont été emmagasinés dans les feuilles vont principalement servir à constituer les fruits; et en effet, après la floraison, les feuilles cessent de s'accroître; elles jaunissent de plus en plus à mesure que le fruit mûrit.

On le constate facilement dans un champ de blé : après la floraison des épis, la teinte verte s'atténue sensiblement; bientôt on voit jaunir les feuilles radicales : c'est par elles en effet que la *résorption* commence; puis c'est le tour des feuilles plus élevées et la couleur jaune progresse jusqu'à l'épi; enfin les feuilles qui ont jauni les premières se dessèchent, puis les autres, alors le grain est mûr. Ce grain a grossi peu à peu en absorbant les matériaux emmagasinés dans les feuilles, il est devenu plus consistant à mesure qu'il accumulait ces matériaux, finalement il a pris la dureté et la couleur qui indiquent sa maturité.

Les matières minérales du sol sont de moins en moins utiles à la plante à mesure que la fructification s'achève : les cultures démonstratives en milieu stérile le prouvent.

A une culture en pots contenant de la terre épuisée, du gravier, ou même du verre cassé, on peut fournir les engrais nécessaires sous forme de dissolution dans l'eau d'arrosage. Si l'expérience se fait en double, sur un même nombre de haricots, par exemple, et que l'on continue, pendant la fructification, à arroser l'un des pots à l'engrais et l'autre à l'eau ordinaire, on ne constate pas de différence appréciable dans le résultat final, sauf si la variété cultivée est *remontante;* dans ce cas, l'engrais pourra provoquer l'apparition de nouvelles fleurs.

Les choses se passent de même dans la culture en pleine terre; les engrais sont utilisés par les végétaux annuels, surtout pendant la période comprise entre la germination et la floraison : c'est donc à cette époque qu'ils devront être mis à la disposition de la racine des végétaux cultivés, et assez tôt pour que ceux-ci en profitent.

S'il s'agit des nitrates, à cause de leur grande solubilité, ce qui en resterait à la fructification serait entraîné par les eaux traversant le sol, et par conséquent perdu. De cette observation découle une conséquence pratique : les nitrates employés en couverture seront plus profitables si on les répand en deux fois, la seconde dose étant distribuée quand on juge la première épuisée, et assez tôt avant la floraison pour que la plante puisse l'utiliser.

Quant aux engrais insolubles et à ceux que retient le pouvoir absorbant, on peut faire de fortes avances au sol sans risquer aucune perte; ce qui reste inutilisé se retrouve, pour la culture l'année suivante, mieux mélangé à la terre par les nouveaux labours.

Enfin, puisque les fruits tirent des feuilles les principaux matériaux nécessaires à leur formation, on en déduira que la suppression des feuilles empêchera le développement et la maturité des fruits : conséquences des ravages du mildew, des chenilles, etc.

DEVOIRS ÉCRITS OU INTERROGATIONS

Où s'emmagasinent les éléments nutritifs absorbés par les plantes avant la fructification?

Où le fruit puise-t-il les matériaux nécessaires à son développement complet? Indications fournies, à ce sujet, par la couleur des feuilles.

A quel moment convient-il d'appliquer les engrais selon que le pouvoir absorbant du sol les retient, ou ne les retient pas? Exemples.

Effets de la destruction des feuilles sur la qualité des fruits; donner quelques exemples.

8. Fruits et graines.

CHOSES VUES. — ***Fruits et graines récoltés au jardin : observer leur développement et leur maturation; conservation.***

OBSERVATIONS RÉSUMÉES ET CONCLUSIONS. — Après floraison, l'ovaire de la fleur se développe et devient fruit; son enveloppe forme le *péricarpe;* ses ovules, les *graines*. Selon que le péricarpe est charnu, comme dans la cerise, ou sec, comme dans le pois, le fruit est dit *charnu* ou *sec*.

Si l'on procède à l'examen des fruits charnus récoltés au jardin, on remarque d'abord que les uns, comme la cerise, l'abricot, la pêche, la prune contiennent un *noyau* renfermant une *amande;* les autres, comme la pomme et la poire, n'ont pas de noyau, mais simplement une sorte de cartilage renfermant des *pépins*, représentant l'amande : des uns et des autres, on mange le péricarpe (36).

Le péricarpe de la noix, de l'amande, de la châtaigne, n'est pas comestible; on en mange la graine débarrassée de ses enveloppes. Il en est de même des fèves, pois et haricots; de ces derniers cependant on mange parfois aussi le péricarpe si le fruit est cueilli avant maturité complète (haricots verts, pois mange-tout). Le fruit du pois, du haricot, s'appelle *gousse;* il manque de la cloison intérieure qui existe dans la *silique* du radis, de la giroflée, etc. (37).

La période de développement du fruit s'appelle fructification; la *maturation* vient ensuite et commence lorsque le volume définitif est atteint. Les fruits et les graines continuent souvent à mûrir lorsqu'ils sont détachés de la plante mère : la plupart des poires et des pommes n'acquièrent toutes leurs qualités que plusieurs semaines, plusieurs mois même, après la cueillette. Les haricots récoltés mûrs s'égrèneraient pendant le transport : on les coupe avant maturité complète et on les lie en bottes qu'on suspend à l'abri de la pluie jusqu'à dessiccation. Les céréales sont aussi coupées un peu avant maturité complète : elles achèvent de mûrir en meules ou en moyettes.

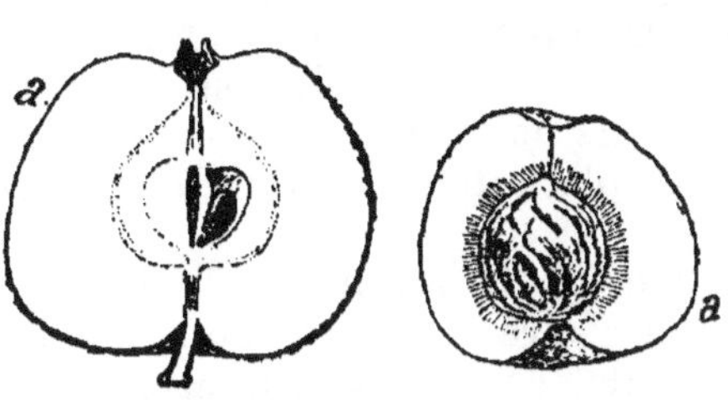

36. Coupe d'un fruit à pépins (pomme) et d'un fruit à noyau (pêche).

a, péricarpe.

Les jardiniers producteurs de *primeurs* hâtent la maturation de certains fruits par divers procédés qu'ont suggérés la pratique et l'observation. L'un des plus habituels consiste dans l'utilisation de la chaleur artificielle, ou la concentration de la chaleur solaire : on essaie ainsi de produire artificiellement en espace clos, dans le nord, ce qui se passe naturellement au plein air du midi.

Les deux moyens sont employés dans les serres ordinaires; les châssis vitrés (58), les cloches à melons (59) sont une application du second seulement. Le premier est utilisé industriellement dans de vastes serres appelées *forceries* où l'on produit, en hiver, les principaux fruits à pépins, à noyau, des fraises, des asperges, etc., qui, au jardin, ne seront récoltés que beaucoup plus tard.

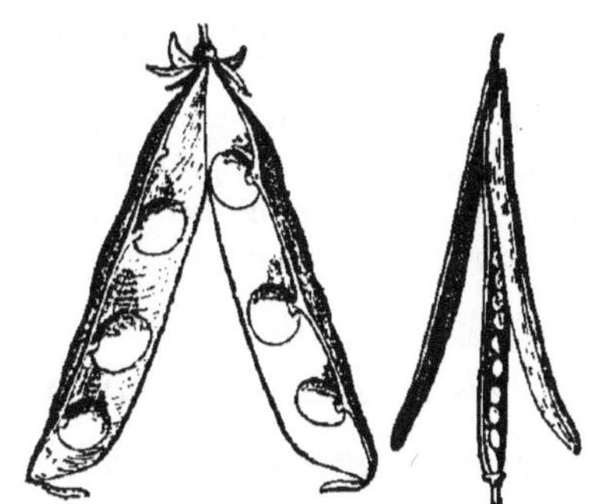
37. Fruits secs : gousse de pois et silique de giroflée.

On a remarqué que certains accidents arrivés aux fruits et aux branches qui les supportent provoquent une maturation prématurée; des praticiens mettent l'observation à profit en pratiquant la torsion du pédoncule, ou l'incision annulaire du rameau, de façon à reproduire l'accident qui hâte la maturité. En général, ces pratiques se font au détriment de la qualité des fruits.

Il en est de même de l'enlèvement prématuré des feuilles. La belle coloration des pommes, pêches, etc., exige la radiation directe du soleil ; d'où la nécessité d'enlever les feuilles interposées : mieux vaut les écarter d'abord et ne les enlever que quand le fruit est parvenu à toute sa grosseur.

Les fruits tachés n'ont pas seulement une apparence désagréable, mais ils se conservent moins bien que ceux dont la pellicule est nette et intacte. L'*ensachage* est une pratique recommandable pour les produits de choix ; l'opération est longue, mais elle est souvent rémunératrice pour les bonnes variétés de pommes et de poires dont le prix, aux étalages parisiens par exemple, atteint souvent un franc la pièce.

La bonne conservation des fruits exige la réunion de diverses conditions qui ne peuvent pas toujours être remplies, notamment dans les années pluvieuses où les fruits, de saveur fade et gorgés d'eau, présentent toutes les conditions requises pour la pourriture.

Dans les années sèches, on assurera la garde des produits du jardin fruitier en opérant la cueillette par un beau temps ; en évitant, dans la manutention, tout choc produisant une meurtrissure du parenchyme ou une écorchure de l'épiderme ; enfin en les disposant, sans contact entre eux, sur des claies, dans un local peu éclairé, où l'atmosphère peu renouvelée se maintient dans le voisinage de 7 ou 8 degrés.

DEVOIRS ÉCRITS OU INTERROGATIONS

Fruits à pépins, ou à noyau, récoltés au jardin ; que mange-t-on de chacun d'eux ?

Fruits secs, et graines en général ; maturité. Faut-il attendre, pour la récolte, la maturité complète ? Justifier les raisons alléguées.

Moyens de hâter la maturité des fruits, de leur garder bonne apparence, d'en assurer la conservation.

***

AUTRES QUESTIONS, à résumer, sur le même chapitre.

Végétaux cultivés *concourant à la nourriture de l'homme :* 1° *par leurs racines,* 2° *par leurs tiges, leurs fleurs,* 3° *par leurs fruits,* 4° *par leur graine.*

Développement des racines : *influence de la nature et de l'ameublissement du sol sur les racines traçantes* (40), *sur des racines pivotantes* (57).

II. — LE SOL

9. Terre végétale.

CHOSES VUES. — *Séparation des éléments minéraux de la terre végétale; distinction du calcaire, de l'argile, de la silice : propriétés.*

OBSERVATIONS RÉSUMÉES ET CONCLUSIONS. — La *terre végétale* est la couche superficielle du sol où se développent les racines des végétaux ; à première vue, on y distingue un mélange de pierres et de terre provenant généralement de la désagrégation du sous-sol par les agents atmosphériques.

Pour se rendre compte de la composition d'un sol, on y creuse un trou au moyen d'une bèche jusqu'à la profondeur de la masse cultivée, et l'on taille d'un côté une paroi verticale. Sur cette paroi, on détache une tranche d'épaisseur uniforme, on la laisse ensuite sécher, on la pulvérise à la main et on la crible pour en séparer les pierres. Une vingtaine de grammes de la terre fine ainsi obtenue est imbibée d'eau, puis plus copieusement arrosée, dans un grand verre, et fortement agitée au moyen d'une cuillère ou d'un morceau de bois : le gravier, plus lourd, tombe au fond du verre, le limon boueux reste en suspension dans l'eau. Celle-ci, décantée et abandonnée à un repos assez prolongé, laisse déposer l'*argile*, reconnaissable à ce qu'elle forme une pâte liante et grasse qui durcit par la dessiccation, et surtout par la cuisson, au point de ne pouvoir être brisée qu'à coup de marteau; c'est la matière dont les tuiles, les briques et les poteries sont faites.

L'argile domine dans les *terres argileuses*.

Le gravier resté au fond du verre est formé de *silice* ou sable et de *calcaire;* celui-ci se dissout avec effervescence si on l'attaque par un acide. En versant sur le gravier de l'acide chlorhydrique étendu d'eau, il se dégage du gaz carbonique; lorsque l'effervescence a cessé, on met de côté le liquide et on lave à plusieurs eaux le résidu resté au fond du verre : c'est la silice, élément prédominant dans les *terres sableuses*.

Le calcaire a disparu dans l'opération précédente, il est dissous dans le liquide résultant de l'attaque du gravier par un acide, et il suffira de neutraliser l'acide, cause de la dissolution, pour voir réapparaître le calcaire. Voici comment on opère :

D'abord, en attaquant le gravier, il convient de verser peu d'acide à la fois, de façon à n'en pas mettre en excès; il ne faut plus en ajouter quand l'effervescence cesse, c'est-à-dire quand le carbonate de chaux est décomposé. Pour séparer le sable insoluble de la partie dissoute, on passe le tout sur un filtre, et au liquide filtré on ajoute une solution concentrée de carbonate de soude ou de lessive de cendres ; il se forme un précipité blanc qui représente le carbonate de chaux régénéré : c'est l'élément prédominant dans les *terres calcaires.*

La conclusion des opérations précédentes, c'est que *la terre arable renferme de l'*ARGILE *et un gravier plus ou moins fin composé de* SABLE SILICEUX *et de* CALCAIRE (38).

Quelle que soit la proportion de ces trois éléments constitutifs, un sol qui n'en renfermerait pas d'autres serait stérile; il pourrait fournir seulement de la *chaux* aux végétaux qu'on y cultiverait, c'est-à-dire l'une des quatre substances nutritives indispensables; il en manquerait trois autres : l'*azote,* l'*acide phosphorique* et la *potasse.*

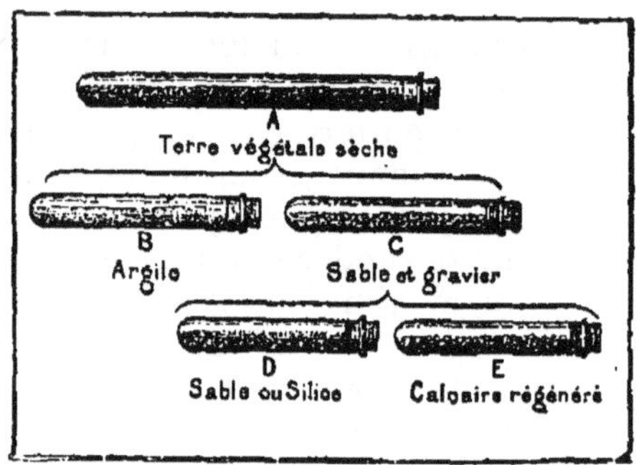

38. Séparation des éléments minéraux d'une terre.

La potasse accompagne presque toujours l'argile; l'acide phosphorique, le calcaire; et l'azote, l'humus du terreau; mais ces substances nutritives sont toujours en très faible proportion. Le dosage en est délicat et ne peut se faire avec précision que par un chimiste exercé; c'est cependant ce qu'il importe de savoir.

La teneur en matières minérales séparées dans l'expérience précédente représente plus des neuf dixièmes du poids total de la terre arable et ne renseigne pas sur sa fertilité; elle indique ses qualités physiques : trop argileuse, une terre retient trop l'humidité; trop sableuse, elle manque de ténacité, de liaison, et se dessèche rapidement; mais, contrairement à la précédente, elle est facile à travailler et l'air peut y pénétrer. Les terres calcaires présentent des propriétés physiques analogues à celles des terres siliceuses.

On nomme *terre franche* un sol formé d'un tiers ou d'un quart d'argile, de la moitié de sable et du reste en calcaire ; elle convient à toutes les cultures si elle renferme en outre, sous forme de terreau, de fumier, d'engrais, etc., la nourriture nécessaire aux végétaux qui doivent y pousser.

DEVOIRS ÉCRITS OU INTERROGATIONS

Rappeler l'expérience qui a permis de séparer l'argile, le sable et le calcaire contenus dans une terre arable.

La teneur en ces trois substances d'un sol cultivé renseigne-t-elle sur sa fertilité? Quelles indications utiles fournit-elle au cultivateur?

Quelles sont les substances véritablement fertilisantes du sol, c'est-à-dire celles qui peuvent servir d'aliments aux végétaux?

10. Calcaire et chaux.

Choses vues. — *Séparation du gaz carbonique et de la chaux composant le calcaire. Substances employées pour donner de la chaux à un sol cultivé. Amendements.*

Observations résumées et conclusions. — La craie, la pierre de taille, certains pavés, le marbre, qui diffèrent de couleur et de dureté, donnent tous de la *chaux* quand on leur fait subir une cuisson suffisante pour les maintenir, pendant une heure ou deux, à la température du rouge : ce sont des *calcaires*.

Un bâton de craie placé au milieu des charbons ardents d'un poêle bien allumé perd peu à peu, avec le gaz carbonique qui s'en dégage mais qu'on ne voit pas, les deux cinquièmes environ de son poids et devient de la chaux. Si on le compare, par une pesée, à un autre morceau pareil pris dans la boîte de craie, on constate la différence de poids; en les arrosant d'eau ordinaire, l'un se mouille tout simplement; l'autre, devenu de la *chaux vive*, absorbe beaucoup d'eau, s'échauffe considérablement, dégage de la vapeur et s'effrite en une poussière blanche qui est de la *chaux éteinte*.

Mêlée à l'eau, la chaux éteinte lui donne une apparence laiteuse et forme le *lait de chaux* employé pour blanchir les murs, pour badigeonner les arbres afin de détruire les insectes ou leurs larves cachés sous l'écorce, pour préparer la bouillie bordelaise, etc.

La chaux, vive ou éteinte, est un peu soluble dans l'eau : un litre en dissout environ 2 grammes. La solution, qui s'appelle *eau de chaux*, possède une réaction alcaline, c'est-à-dire qu'elle ramène au bleu la teinture de tournesol rougie par un acide; pour l'obtenir, il suffit de filtrer du lait de chaux. L'eau de chaux est le *réactif* du gaz carbonique; cela signifie qu'elle sert à le reconnaître, puisqu'il la trouble en reformant avec elle du calcaire.

La chaleur du poêle a permis, dans l'expérience précédente, de faire dégager le gaz carbonique de la craie ; le dégagement gazeux s'obtient également, mais d'une façon visible, par l'action d'un acide. En versant quelques gouttes d'acide chlorhydrique (esprit de sel) dans un verre contenant un morceau de craie, il se produit une effervescence très apparente due au dégagement gazeux; cette effervescence caractérise un calcaire et permet de le reconnaitre. Il suffira donc de répéter l'expérience en remplaçant la craie par une pincée de terre arable pour savoir si celle-ci est calcaire.

La présence du calcaire est nécessaire dans toute terre cultivée. D'abord, c'est un engrais, puisque la chaux entre dans la composition de tous les végétaux; elle concourt en outre à l'ameublissement du sol, comme la silice, mais de plus elle donne une consistance particulière aux terres légères en liant leurs éléments, ce qui s'oppose à une dessiccation trop rapide.

Si l'on veut ameublir un sol argileux par une addition de calcaire, on emploie la chaux vive, ou bien la *marne*, qui est un mélange de craie et d'argile. Le marnage ne peut se pratiquer que si des gisements de marne se trouvent dans le voisinage de l'exploitation agricole ; il ne faudrait pas que les frais de transport rendissent l'opération onéreuse; or, il faut souvent, pour obtenir un effet sensible, répandre plus de 100 mètres cubes de marne à l'hectare.

Au point de vue de la composition chimique du sol, on obtient un résultat analogue avec dix fois moins de chaux vive, ou encore avec une dose de plâtre (sulfate de chaux) de 200 ou 300 kilos à l'hectare, semés à la volée.

La marne et la chaux ne se répandent pas comme le plâtre : on les dépose en petits tas éloignés de quelques mètres les uns des autres, de façon à pouvoir les répartir commodément sur toute la surface. On les abandonne à l'air pendant tout un hiver s'il s'agit de la marne, et pendant quelques semaines, après les avoir recouverts de terre, s'il s'agit de la chaux. Les gelées délitent la marne, l'humidité éteint peu à peu la chaux et la réduit en poussière. Le soin à prendre ensuite consiste à obtenir un épandage uniforme.

Amender un sol, c'est lui incorporer des matières terreuses qui en modifient les propriétés physiques ; on pourrait ajouter du sable à une terre trop argileuse, de l'argile à un sol trop calcaire, etc. ; mais les quantités d'*amendements* à transporter pour donner un résultat appréciable entraîneraient à des dépenses bien supérieures aux bénéfices réalisés. Sauf dans un jardin, l'opération est pratique seulement pour le marnage, la marne agissant non seulement comme amendement, mais aussi comme engrais. Les phosphates amendent aussi les sols, mais ils agissent surtout comme engrais.

DEVOIRS ÉCRITS OU INTERROGATIONS

Comment avez-vous préparé de la chaux vive avec un morceau de craie? Ensuite un lait de chaux et de l'eau de chaux?

Décrire une expérience permettant de faire dégager et de recueillir le gaz carbonique d'un calcaire; propriétés de ce gaz.

Indiquer les pierres calcaires les plus connues et leur caractère commun.

Définir un amendement; quand et comment peut-on économiquement amender une terre.

11. Terreau et humus.

CHOSES VUES. — ***Origine du terreau, composition, propriétés; humus.***

OBSERVATIONS RÉSUMÉES ET CONCLUSIONS. — Une *matière minérale* se distingue d'une *matière organique* en ce qu'elle ne noircit point par la chaleur; au contraire, tout débris provenant d'un organe végétal ou animal se carbonise quand on élève suffisamment sa température : une tranche de pain mise à rôtir devant le feu prend d'abord une légère teinte de caramel, brunit, se fonce, se carbonise et même prend feu si l'action du foyer est prolongée : il ne reste plus qu'un résidu charbonneux où l'on peut retrouver les éléments minéraux de la farine, c'est-à-dire du blé, d'où provient le pain.

L'analyse chimique révèle, en effet, dans les cendres des végétaux, la présence de la *chaux*, de l'*acide phosphorique*, de la *potasse* et, dans les produits gazeux de la combustion, celle d'une *substance azotée.*

Toute matière organique se reconnaît, du reste, à l'odeur désagréable qui se dégage quand on la brûle, ou mieux encore quand elle se putréfie, ce qui provoque une formation d'*ammoniaque*, corps composé d'*hydrogène* et d'*azote;* la putréfaction est une sorte de combustion lente des matières organiques.

Les débris végétaux qui s'accumulent sur une terre inculte, friche ou forêt, ceux que le jardinier réunit dans un pourrissoir, et surtout le fumier qu'il entasse au fond de ses couches, subissent une combustion lente dont la chaleur est utilisée pour hâter la croissance des primeurs sous châssis (58). L'année suivante, les végétaux entassés sont, comme le fumier, transformés en *terreau.*

Le terreau est donc le produit d'une combustion lente et incomplète de matières organiques tassées ou enfouies de manière à limiter l'action de l'*oxygène* de l'air; il renferme toutes les substances nutritives que les racines des végétaux puisent dans le sol; c'est, pour toute culture, un agent essentiel de fertilité. Sa principale source est le fumier.

Si l'on chauffe du terreau dans une coupelle (couvercle de boîte à cirage), de l'eau s'évapore d'abord, puis on perçoit une odeur d'herbe brûlée et la teinte se fonce, parce que la matière organique se carbonise. En activant le foyer sous la coupelle, de manière à atteindre la *température du rouge*, ce qui est possible en employant un réchaud à charbon et un soufflet, la teinte noire disparaît peu à peu, à mesure que la matière carbonisée se consume, et le résidu formé de cendres grises ne renferme plus que la *matière minérale* du terreau; notamment la chaux, l'acide phosphorique et la potasse.

La *matière organique* du terreau a une réaction acide; on peut l'extraire au moyen d'une substance alcaline, c'est-à-dire à réaction inverse, le carbonate de soude, par exemple, dont on prépare une solution concentrée (parties égales de cristaux de soude et d'eau chaude). On ajoute du terreau à cette solution, de manière à faire une bouillie semi-fluide qu'on abandonne jusqu'au lendemain dans un endroit chaud. On quintuple ensuite le volume du magma en ajoutant de l'eau, on agite et on laisse déposer; le liquide clair renferme un produit soluble résultant de l'union de la soude avec l'*humus* du terreau. En neutralisant la soude par quelques gouttes d'acide, l'humus apparaît sous forme de flocons bruns; c'est un produit mal défini, auquel on a prêté toutes sortes de propriétés merveilleuses; on a même cru qu'il était l'*unique cause de fertilité*. On peut affirmer cependant qu'il constitue la partie la plus fertile du sol, qu'il agit physiquement sur lui en lui donnant une consistance convenable, et chimiquement en favorisant son pouvoir absorbant, tout en fournissant aux végétaux une nourriture complète et appropriée. Le fumier et le purin étant la principale source de terreau, par conséquent d'humus, le cultivateur ne saurait apporter trop de soins à la confection et à la conservation du premier de tous ses engrais.

DEVOIRS ÉCRITS OU INTERROGATIONS

Distinction entre une matière minérale et une matière organique.

Éléments minéraux contenus dans une substance organique d'origine végétale.

Comment se forme le terreau, ce qu'il renferme? Comment on en peut extraire l'humus? Propriétés de cette dernière substance.

Soins que le cultivateur doit donner aux matières renfermant de l'humus.

12. Pouvoir absorbant du sol.

CHOSES VUES. — *Expériences sur le pouvoir absorbant; conclusions vérifiées dans la pratique.*

OBSERVATIONS RÉSUMÉES ET CONCLUSIONS. — La terre arable jouit d'une importante propriété due surtout à l'humus et à l'argile qu'elle renferme, et qu'on appelle *pouvoir absorbant*. En vertu de cette propriété, les particules terreuses fixent les matières fertilisantes comme certaines fibres textiles fixent la couleur dans un bain de teinture. De savants ingénieurs et agronomes s'en sont rendu compte de la manière suivante.

Dans de larges tuyaux d'un mètre de hauteur, remplis les uns de sable, les autres de bonne terre végétale, on a versé, par le haut, de l'eau contenant *en dissolution* divers engrais (en petite quantité) et l'on a recueilli, en bas, les liquides écoulés : la colonne de sable n'arrêtait rien, le liquide qui la traversait était le même à la sortie qu'à l'entrée ; la terre végétale, au contraire, retenait l'engrais ; le liquide qui s'en échappait était semblable à de l'eau de source.

Seul, l'engrais azoté, sous forme de nitrate, traverse la couche arable; l'engrais azoté sous forme ammoniacale est retenu comme les sels de potasse, comme les phosphates solubles.

Ces constatations sont d'une importance capitale pour l'emploi des engrais, emploi qui variera nécessairement selon que la matière fertilisante une fois incorporée au sol sera insoluble, soluble, ou pourra le devenir.

Dans le cas des nitrates, toujours solubles, la distribution de l'engrais devra s'effectuer peu de temps avant que les végétaux puissent en profiter, sans quoi les eaux pluviales auront entraîné le produit quand les racines seront en état de l'absorber.

Pour être assimilés, les sels ammoniacaux doivent préalablement se transformer en nitrates; or la nitrification exige de la chaleur; les sels ammoniacaux, insolubles dans le sol, pourront donc, sans risque de perte, lui être incorporés avant l'hiver.

Quant aux engrais potassiques et aux phosphates, on en peut faire de larges avances aux sols cultivés, puisqu'ils n'y deviennent solubles qu'au contact des racines; ce qui n'est pas utilisé la première année

39. Pouvoir absorbant du sol.

Avant d'être ensemencés en orge, les pots nos 2 et 3 ont été arrosés de purin, puis le no 2 a été lavé ensuite abondamment sous la gouttière : la récolte est la même. Le no 1, qui est le témoin, n'a rien reçu.

n'est pas perdu, et profite à la récolte suivante. De nombreuses expériences de culture en grand ont démontré l'efficacité, pendant quatre années successives, des phosphates employés, à haute dose, la première année seulement.

L'insolubilité, dans l'eau, de la plupart des matières fertilisantes est une heureuse conséquence du pouvoir absorbant de la terre arable; s'il en était autrement, si les engrais restaient solubles dans la couche végétale cultivée, les eaux pluviales qui la traversent la stériliseraient rapidement, puisqu'elles entraîneraient, par une sorte de lessivage, les matières nutritives nécessaires aux récoltes.

Le pouvoir absorbant peut être mis en évidence par une expérience beaucoup plus simple que la précédente : trois pots à fleurs et un peu de purin suffisent à sa réalisation (39). On remplit les pots de la même terre franche; l'un sert de témoin, les deux autres sont arrosés d'une égale quantité d'un même purin, de manière à en bien imbiber toute la terre, puis l'on abandonne au repos pendant deux ou trois jours. L'un des pots ayant reçu du purin est ensuite arrosé d'eau ordinaire (cinq ou six fois le volume du pot), versée doucement de manière à bien laver la terre sans en entraîner au dehors.

Les trois pots étant ensuite placés dans un même endroit du jardin, à la même exposition, on les ensemence d'un même nombre de grains d'orge ou d'avoine aussi semblables que possible; une dizaine de grains suffisent pour chacun; avant le tallage, on réduira le nombre de plants à trois ou quatre pour chaque pot.

A la maturité, la récolte est sensiblement la même dans les deux pots à purin; elle est chétive dans le pot témoin. D'où l'on conclut que les matières fertilisantes du purin ont accru notablement la récolte, et que la terre lavée les a bien retenues, puis cédées aux racines, exactement comme dans le pot non lavé.

Le pouvoir absorbant du sol peut être mis à profit dans la conservation des fumiers : en les recouvrant d'une petite couche de terre, l'ammoniaque qui se dégage est absorbée.

Ce même pouvoir absorbant explique la pureté des eaux de source. Il montre la nécessité, dans l'épandage des engrais, de répartir et de mêler aussi parfaitement que possible les engrais avec la terre : puisqu'ils sont insolubles, les eaux pluviales n'en peuvent opérer la diffusion, et c'est aux façons du sol à en assurer le mélange de façon à permettre aux racines de se trouver en contact, sur tout leur parcours, avec les matières fertilisantes.

DEVOIRS ÉCRITS OU INTERROGATIONS.

Qu'entend-on par pouvoir absorbant du sol? Quels sont les éléments fertilisants retenus par la terre arable, et ceux que les eaux d'infiltration entraînent? Principales conséquences de ces faits.

Décrire l'expérience réalisée sur le pouvoir absorbant, et rappeler les conclusions qui en ont été déduites.

13. Nitrification.

CHOSES VUES. — ***Constater la putréfaction des fumiers, des eaux de vaisselle à leur sortie de l'évier. Distinguer un sel ammoniacal d'un nitrate.***

OBSERVATIONS RÉSUMÉES ET CONCLUSIONS. — L'azote atmosphérique est un gaz qui n'entretient pas la vie, de là son nom; combiné aux éléments de l'eau (oxygène et hydrogène) et au carbone, il concourt à la formation de tous les organes végétaux et animaux, et dans ce cas, il est au contraire indispensable à toute manifestation de la vie animale ou végétale. Toute substance vivante est azotée, et c'est pourquoi elle est susceptible, après sa mort, d'entrer en putréfaction, c'est-à-dire de pourrir en laissant dégager des gaz d'odeur désagréable, notamment de l'ammoniaque, qui est un composé d'azote et d'hydrogène. Tout le monde connaît les émanations du fumier.

Même en petite quantité, les matières organiques mortes se putréfient rapidement : les eaux de vaisselle en fournissent quotidiennement la preuve. Elles renferment des débris de viande, de légumes, de pain, etc.; si elles n'ont pas d'écoulement, si elles croupissent sur le sol à leur sortie de l'évier, elles dégagent bientôt une mauvaise odeur. Celle-ci est due à une *fermentation putride* provoquée, comme toute fermentation, par des *microbes :* le résultat est de l'ammoniaque, produit de la combinaison de l'azote et de l'hydrogène contenus dans les matières organiques qu'entraîne l'eau de vaisselle.

Si de l'eau de vaisselle putréfiée — ou toute autre eau contenant en dissolution une petite quantité de produits ammoniacaux — est répandue sur un terrain poreux, c'est-à-dire aéré, calcaire, c'est-à-dire renfermant des sels de chaux, ou des sels d'une autre base (potasse, soude, etc.), un autre phénomène se produit sous l'intervention de nouveaux microbes congénères de ceux qui provoquent la fièvre muqueuse ou typhoïde.

Voici ce qui se passe : les éléments de l'ammoniaque brûlent (combustion lente) l'hydrogène en donnant de l'eau, l'azote (qu'on appelle aussi *nitrogène*) en formant de l'*acide azotique* ou *nitrique ;* cet acide s'unit à la chaux, à la potasse, etc., du sol, et il en résulte un *azotate* — ou *nitrate* — de chaux, de potasse, etc., qu'on désigne ordinairement sous le nom de *nitre* ou *salpêtre.*

La *nitrification* est l'ensemble des phénomènes qui accompagnent la transformation d'un sel ammoniacal en nitrate.

Elle se produit constamment dans les écuries où les murs sont souvent recouverts de ces efflorescences blanches de salpêtre dont le bétail paraît si friand. Elle se produit dans la terre arable quand la température n'est pas trop basse, et c'est grâce à elle que les matières organiques des engrais naturels, ainsi que les sels ammoniacaux des engrais chimiques, se transforment en nitrates, seule forme, paraît-il, sous laquelle les végétaux assimilent l'azote.

En résumé, pour servir de nourriture aux plantes, l'azote des matières organiques doit d'abord passer à l'état d'ammoniaque par fermentation putride, puis l'ammoniaque se transformer en salpêtre par nitrification. Il convient de remarquer que, jusqu'à la nitrification exclusivement, les matières azotées incorporées au sol restent insolubles, même sous forme ammoniacale, à cause du pouvoir absorbant; aussitôt leur nitrification, elles peuvent être entraînées par les eaux pluviales et par conséquent perdues pour la végétation.

Pour distinguer, parmi les engrais chimiques, un sel ammoniacal d'un nitrate, on projette, sur un charbon ardent, une pincée du produit à examiner : s'il *fuse,* c'est-à-dire s'il brûle comme la poudre d'une fusée (le charbon et le salpêtre forment une sorte de poudre), c'est du nitrate. Si le produit ne fuse pas, on en fait, dans un peu d'eau chaude, une dissolution dont on arrose un petit morceau de chaux vive : au moment où celle-ci se délite, il se dégage une buée qui a une forte odeur ammoniacale ; d'où l'on conclut que la substance dissoute était un sel ammoniacal.

DEVOIRS ÉCRITS OU INTERROGATIONS

Que se dégage-t-il des matières organiques azotées en putréfaction ?

Donner une idée du phénomène de nitrification ; conditions nécessaires à la formation du salpêtre.

Sous quelle forme l'azote est-il assimilé par les plantes ? Exemples.

Comment distinguer un sel ammoniacal d'un nitrate ?

14. Arrosages et irrigations ; drainage.

CHOSES VUES. — *Eau retenue par les terres et évaporée par les plantes ; restitution par arrosages ou irrigations. Drainage.*

OBSERVATIONS RÉSUMÉES ET CONCLUSIONS. — Les feuilles des végétaux sont le siège d'une évaporation très active ; on le constate en plaçant le matin, sur l'un des plateaux d'une balance, un pot à fleurs garni (33) et en faisant la tare, dans l'autre plateau, avec un autre pot contenant seulement de la terre : à la fin de la journée, on constate une notable différence de poids.

Pour qu'une plante fabrique 2 kilogrammes de ses tissus, ce qui ne représente pas toujours la moitié ou 1 kilogramme de matière sèche, il faut que ses feuilles aient pu évaporer de 200 à 300 litres d'eau ; il est donc nécessaire que ses racines trouvent, dans le sol, d'énormes réserves aqueuses.

On ne se doute pas de la proportion d'humidité que renferme une terre réputée sèche ; on peut s'en rendre compte par une expérience très simple. De la terre prélevée par temps sec au jardin, ou dans un champ, est débarrassée de ses cailloux et graviers en la criblant sur une toile métallique à mailles d'un millimètre ; on en prélève 10 grammes qu'on étend sur une soucoupe, et on place celle-ci dans un four de boulanger au moment d'enfourner le pain : si on la retire deux heures après, on constate une diminution de poids d'autant plus grande que la terre renferme une plus forte proportion d'argile et surtout d'humus.

Une terre argileuse retient souvent plus d'un dixième de son poids d'eau, une terre siliceuse beaucoup moins. Proposons-nous d'évaluer la quantité d'eau que peut renfermer un hectare de terre franche.

Un mètre cube de cette terre pèse au moins 1 200 kilogrammes ; à 8 pour 100 d'humidité, cela fait environ 1 hectolitre d'eau. En estimant à 25 centimètres la profondeur du labour, 4 mètres carrés de surface donneront 1 mètre cube de terre arable, soit 25 mètres cubes à l'are et 2 500 à l'hectare. La quantité d'humidité contenue dans la couche cultivée est donc représentée, pour un hectare, par 2 500 hectolitres d'eau, et c'est à ce réservoir que viendront puiser les racines.

Ce réservoir lui-même est alimenté par la pluie et, dans les temps de sécheresse, par le sous-sol qui cède, en vertu de la capillarité, son humidité au sol. Cependant, malgré l'abondance des réserves du sous-sol, lorsque la période de sécheresse se prolonge, les plantes se fanent; elles ne tardent pas à dépérir, et les cultures sont compromises si un arrosage abondant n'intervient avec efficacité.

L'eau puisée dans un ruisseau ou une rivière peut être versée sur les terres sans inconvénients pour les végétaux qu'on y cultive; il n'en est pas de même de l'eau des puits dont la température est parfois notablement inférieure à celle du sol à arroser. Les jardiniers soigneux exposent préalablement au soleil, avant d'en remplir l'arrosoir, l'eau froide tirée du puits.

L'arrosage ordinaire ne peut être pratiqué que sur de petites surfaces; sur de grands espaces, on a recours à l'irrigation, notamment pour les prairies, si l'on peut disposer d'un cours d'eau. L'établissement des barrages, canaux, rigoles, nécessite des connaissances spéciales et une étude sur le terrain.

Dans les terres cultivées, dit-on, *l'eau doit arriver partout et ne séjourner nulle part.* Si elle s'accumule et séjourne dans un bas-fond formant cuvette ou reposant sur un sous-sol imperméable, elle provoque la formation d'une fange dans laquelle se développent bientôt des plantes marécageuses (prèles, joncs, laiches, roseaux) qui n'ont aucune valeur. Une plante en pot ne tarde pas à dépérir si l'orifice inférieur destiné à l'écoulement de l'eau d'arrosage est bouché.

On assainit les terres humides par le *drainage;* cette opération consiste à creuser des fossés profonds, larges en haut, étroits en bas, plus ou moins espacés, à y placer, à la partie inférieure, des tuyaux en terre poreuse ou *drains* reliés entre eux, et aboutissant à des collecteurs pouvant déverser l'eau qu'ils reçoivent dans un ruisseau ou une rigole; celle-ci, comme les drains eux-mêmes, doit avoir une pente suffisante pour assurer l'écoulement.

L'établissement d'un plan de drainage nécessite, comme pour l'irrigation, des connaissances spéciales; il ne saurait être entrepris qu'après une sérieuse étude sur le terrain : il faut éviter d'engager des dépenses qui pourraient n'être pas couvertes par la plus-value des récoltes futures.

DEVOIRS ÉCRITS OU INTERROGATIONS

Idée de la quantité d'eau absorbée par les plantes; d'où vient cette eau? Comment peut-on suppléer à son insuffisance?

Inconvénients résultant de l'excès d'eau dans un sol cultivé; drainage.

En quoi consiste l'arrosage? Précautions à prendre. Irrigations.

15. Assolement.

Choses vues. — *Répartition et rotation des cultures sur une même exploitation agricole. Assolements principaux : biennal, triennal, quadriennal.*

Observations résumées et conclusions. — L'expérience des siècles a prouvé aux agriculteurs qu'il est avantageux de varier la nature

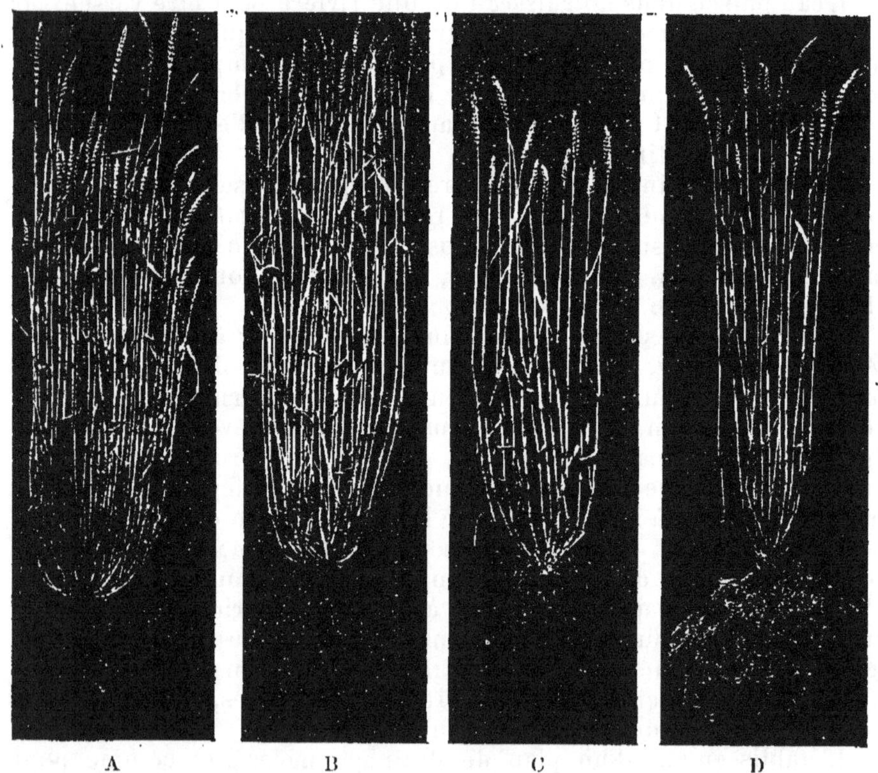

A B C D

40. Influence de la nature du sol sur le développement des racines.

A, sol argileux; B, sol silico-argileux; C, sol siliceux; D, sol calcaire. Les racines se développent surtout en grosseur si le sol est riche et compact, A et B; plus en longueur, s'il est pauvre et meuble, C et D.

des cultures sur un même sol. On appelle *assolement* l'ordre dans lequel se succèdent les productions dans un même champ : on dit qu'il est *biennal*, *triennal*, *quadriennal*, etc.; si la même culture n'y revient que tous les deux, trois ou quatre ans, etc. le nombre d'années forme une *rotation* : il est égal au nombre des parties ou *soles* formant la division de l'exploitation.

L'établissement judicieux d'un assolement dépend de la nature des végétaux à cultiver et dont le choix est indiqué par la qualité des terres, par le climat, et aussi par les débouchés commerciaux, c'est-à-dire par les moyens de vente.

Le choix étant fixé sur les *céréales*, les *fourrages* et les *racines*, voici, par exemple, comment se ferait la répartition pour un *assolement quadriennal*.

Pour une même année, la première sole porterait du blé, la deuxième des betteraves, la troisième de l'avoine, la quatrième du trèfle; l'année suivante, le trèfle remplacerait l'avoine dans la sole même où il aurait été semé l'année précédente, le blé pousserait à la place où se trouvait le trèfle, etc.

Les principaux avantages du système résident surtout dans la facilité, pour le cultivateur, de mieux répartir ses travaux entre les saisons et de varier la nature de ses produits ; il y en a d'autres.

Les cultures sarclées, comme celles de la betterave, nécessitent des binages et autres menues façons du sol qui détruisent, avant leur fructification, les mauvaises herbes laissées par les céréales de l'année précédente : le sol se trouve ainsi bien nettoyé pour la céréale suivante. En outre, aux racines superficielles du blé (40) succèdent les racines profondes de la betterave (27) qui vont puiser, dans le sous-sol, les matières fertilisantes entraînées, par les eaux pluviales, dans des régions inaccessibles aux racines des céréales. Enfin, les légumineuses empruntent à l'atmosphère la plus grande partie de leur azote ; il en résulte que les racines et autres débris laissés au sol par une récolte de trèfle, de luzerne ou de sainfoin fourniront, à la récolte prochaine de froment, la partie la plus coûteuse de son alimentation.

Dans l'*assolement triennal* (blé, avoine, trèfle), les avantages sont moins sensibles que dans le précédent, surtout si, comme dans certaines contrées encore nombreuses, le trèfle est remplacé par une *jachère nue*. Dans ce cas, on cultive néanmoins la troisième sole sans rien récolter, ce qui augmente le prix de la main-d'œuvre, par suite le prix de revient du blé de l'année suivante : on dit que *la terre se repose*.

Le repos n'est pas plus utile à la terre du cultivateur qu'au four du boulanger. Moyennant un entretien continu et des réparations faites à propos, le four sera en meilleur état, après une année d'usage, qu'après une année de repos. Il en sera de même pour la terre où une année de jachère nue produit un appauvrissement en substances fertilisantes : l'azote des matières organiques restées dans le sol continue à se transformer en ammoniaque qui se nitrifie pendant la belle saison; les pluies entraînent le nitrate formé et celui-ci est perdu sans retour.

Le maintien d'une terre en jachère nue doit donc être considéré comme une mauvaise opération financière, à moins qu'accidentellement son but soit de débarrasser un sol du chiendent ou d'autres mauvaises herbes qui l'infestent.

La *jachère nue* est avantageusement remplacée par la *jachère verte;* l'opération consiste à semer, à la fin de la seconde sole, une légumineuse qui, non seulement utilisera l'azote de la terre arable, mais en puisera dans l'air et restituera le tout sous forme d'*engrais vert* qu'on enfouira, par un labour, à la fin de la troisième sole.

L'*assolement biennal* avec jachère est encore moins recommandable que le précédent; mais lorsqu'on emploie une suffisante quantité d'engrais (fumier complété par des engrais chimiques), l'assolement comprenant blé et betterave donne souvent des résultats très rémunérateurs.

Par un judicieux emploi des engrais complémentaires, on peut même cultiver pendant longtemps, chaque année, du blé dans la même terre et réaliser des bénéfices : il suffit de rendre régulièrement au sol la totalité des matières nutritives enlevées par les récoltes. Toutefois, dans la pratique, le système des assolements répond mieux aux diverses exigences d'une exploitation où il faut nécessairement tenir compte de la nourriture du bétail.

DEVOIRS ÉCRITS OU INTERROGATIONS

Définir, au moyen d'exemples, les mots assolement, soles, rotation.

Indiquer, par des exemples, ce que l'on appelle assolement biennal, triennal ou quadriennal; lequel est préférable?

Que désignent les mots jachère nue, jachère verte? La terre a-t-elle besoin de repos?

* * *

AUTRES QUESTIONS, à résumer, sur le même chapitre.

Terres argileuses, calcaires, siliceuses, humifères. Aspect de chacune d'elles, propriétés physiques; plantes qu'on y rencontre et qui les caractérisent.

III. — LES ENGRAIS

16. Nécessité des engrais.

Choses vues. — *Cultures démonstratives en milieu stérile avec et sans engrais; résultats obtenus, comparaisons : loi de restitution, loi du minimum.*

Observations résumées et conclusions. — On trouve dans la cendre des végétaux diverses substances minérales qui ont été certainement puisées dans le sol : l'*acide phosphorique*, la *potasse*, la *chaux* sont les plus importantes; il y faut ajouter les sels *ammoniacaux* entraînés avec les produits gazeux de la combustion des végétaux qui ont fourni les cendres, sels qui se déposent partiellement dans la cheminée. D'où il résulte qu'une plante ne saurait vivre et se développer que si ses racines trouvent à leur portée des matières *azotées*, des *phosphates*, des sels de *potasse* et de *chaux*. Il en faut une douzaine d'autres dont l'agriculteur n'a pas à se préoccuper : la plante les trouve en quantité suffisante dans le milieu où elle vit habituellement.

Toute terre arable renferme les quatre éléments nutritifs importants en quantité bien supérieure aux besoins des végétaux qu'on y cultive. En effet, l'analyse chimique révèle l'existence :

1° Dans un kilogramme de terre labourable de qualité moyenne, d'environ 1 gramme d'azote, d'autant d'acide phosphorique, du double de potasse, et de beaucoup plus de chaux ; ce qui porte à *3 ou 4 tonnes* le poids d'azote, au même chiffre celui d'acide phosphorique et au double, c'est-à-dire à *7 ou 8 tonnes*, celui de potasse, qui sont contenus dans les *3 000 ou 4 000 tonnes* de terre remuée par la charrue sur un hectare ;

2° Dans une récolte complète (paille et grain), sur un hectare de froment au rendement de 25 hectolitres, d'environ 80 kilos d'azote, 50 d'acide phosphorique et 100 de potasse ; c'est-à-dire cinquante fois moins que la quantité contenue dans le sol.

On peut donc dire qu'une terre arable de qualité ordinaire renferme une provision de matières nutritives pouvant subvenir aux besoins d'une cinquantaine de récoltes. Et cependant, si l'on ne donne pas à cette terre, sous forme d'engrais, une quantité suffisante de matières nutritives, le rendement sera médiocre ; voici pourquoi :

Les milliers de kilogrammes d'azote, d'acide phosphorique, de potasse que recèle un hectare de terre végétale ne sont pas immédiatement et entièrement utilisables par les plantes, une petite partie seulement peut leur servir de nourriture à un moment donné ; le reste ne deviendra que peu à peu *assimilable*. Il faudra un siècle, peut-être, pour que toute la potasse, tout l'acide phosphorique contenus dans un grain de terre ou de gravier aient subi les modifications capables de les rendre disponibles pour les végétaux. En d'autres termes, cette terre abondamment pourvue de substances nutritives n'en peut fournir aux plantes, chaque année, que la petite *quantité* amenée à la *qualité* ou à la condition voulue pour permettre aux poils absorbants des racines de l'assimiler (25).

Cette petite quantité est généralement insuffisante pour les besoins d'une récolte ; donc, sous peine de voir diminuer la fertilité du sol, un supplément de matières nutritives s'impose, non seulement pour maintenir cette fertilité, mais aussi pour l'accroître. D'où cette définition : *les* **engrais** *doivent apporter aux plantes, sous une forme rapidement assimilable, les éléments nécessaires à leur complet développement.*

Des considérations précédentes il résulte que la quantité d'engrais *assimilables* à incorporer au sol doit représenter au moins la

41. Cultures démonstratives.
A et B sont remplis de terre épuisée ; C et D, de verre cassé ;
A et C, avec engrais ; B et D, sans engrais.

totalité des matières nutritives enlevées par la dernière récolte. Cette quantité devrait suffire seule, en la supposant utilisée entièrement, au développement complet des végétaux cultivés. Certaines cultures démonstratives, où l'engrais entièrement soluble est distribué avec l'eau d'arrosage, mettent le fait en évidence.

On peut procéder de deux façons : semer des haricots, par exemple, dans un milieu tout à fait stérile tel que du verre cassé, ou bien dans un milieu très appauvri en matières fertilisantes, telle une terre épuisée. Dans l'un et l'autre cas, on fait deux semis, l'un ne reçoit que de l'eau, l'autre une quantité d'engrais double ou triple de celle qui correspond à une forte fumure (41).

Pour le verre cassé, l'engrais ne pouvant être distribué qu'en arrosage, on emploie une solution renfermant l'azote sous forme de nitrate, l'acide phosphorique à l'état de superphosphate ; la potasse est fournie par le sulfate ou le chlorure de potassium. Pour la terre épuisée, l'engrais donné en une seule fois est mêlé intimement à la terre épuisée avant le remplissage du pot.

Dans les deux pots privés d'engrais, surtout dans celui au verre cassé, les haricots germent et poussent, comme les autres, jusqu'à l'apparition de la seconde paire de feuilles, c'est-à-dire tant que la provision de nourriture renfermée dans les cotylédons n'est pas totalement employée ; la végétation se continue un peu plus longtemps avec la terre épuisée (l'épuisement n'étant jamais complet) qu'avec le verre cassé, mais bientôt la plante languit, esquisse une fleur, et même un fruit, puis se dessèche et meurt de faim.

La végétation des deux autres pots ne présente rien d'anormal : les haricots fleurissent et fructifient, comme en pleine terre, s'ils sont placés dans de bonnes conditions d'aération, de chaleur, de lumière, et copieusement arrosés. Ils vivent uniquement des engrais incorporés à la terre ou dissous dans l'eau d'arrosage (*), savoir : l'azote du nitrate, l'acide phosphorique et la chaux du superphosphate, la potasse du chlorure ou du sulfate, qui sont ainsi apportés sous forme parfaitement assimilable. Remarquons en outre que les cultures dans le verre cassé donnent des résultats condamnant ce préjugé : *les engrais chimiques épuisent le sol.*

Le sol est avant tout un support de la plante ; mais il constitue aussi, pour elle, une sorte de garde-manger que le cultivateur doit largement approvisionner.

La nature et les proportions des éléments constitutifs d'un bon engrais doivent ressembler à celles des tissus végétaux, de même que la nourriture donnée au bétail doit fournir aux tissus animaux les matériaux nécessaires à leur formation. Si l'on donnait à un cheval trop ou trop peu d'herbe fraîche, ou de foin, ou d'avoine, ou de maïs, etc., ou bien si l'on supprimait de sa ration le foin ou les céréales, la bête cesserait vite de se bien porter.

L'alimentation des végétaux doit être rationnelle, comme celle des animaux, sous peine de produire une rupture d'équilibre qui se traduit par une diminution des récoltes.

Pour constituer les tissus d'un végétal, il faut surtout, en grande quantité, de l'eau et du carbone ; mais l'azote, l'acide phosphorique, la potasse et la chaux ne sont pas moins indispensables, quoiqu'en bien plus petite quantité. De plus, le concours simultané de ces éléments solidaires se fait suivant certaines proportions ; c'est-à-dire que, si l'un des quatre éléments ne se trouve qu'en trop faible quantité, les autres éléments, bien qu'en surabondance, n'entreront dans la combinaison que proportionnellement à la quantité fournie par le moins abondant.

Un exemple emprunté à la chimie élémentaire fera mieux comprendre la signification de cette *loi* dite *du minimum*. La craie est un composé de chaux et de gaz carbonique ; elle peut s'obtenir, par syn-

(*) Pour les détails opératoires des cultures dans l'eau ou en milieu stérile, se reporter aux ouvrages indiqués aux pages I et II (ENSEIGNEMENT AGRICOLE) dans la 1re partie du présent volume ; voir aussi page XXIV de cette 1re partie.

thèse, en faisant passer un courant de gaz carbonique dans une dissolution de chaux (*eau de chaux*) ; mais la combinaison se fait *toujours* dans la même proportion de 11 de gaz carbonique pour 14 de chaux; *inversement*, par analyse, 25 grammes de calcaire fourniront toujours exactement 11 grammes de gaz carbonique et 14 de chaux vive.

De même encore, ces 11 grammes de gaz carbonique sont composés rigoureusement de 3 grammes de carbone et de 8 d'oxygène; avec 10 grammes de ce dernier et 3 seulement du premier, on n'obtiendrait toujours que 11 grammes de gaz carbonique : 2 grammes d'oxygène resteraient sans emploi.

Dans la végétation, les choses se passent d'une façon analogue; de plus, on constate parfois que l'excès de l'un des éléments peut nuire à la récolte. Ces vérités sont mises en évidence par des cultures démonstratives réalisées dans les conditions suivantes, soit en pots, soit en pleine terre au jardin ; dans les deux cas, la terre employée doit être de bonne qualité physique, mais très appauvrie en engrais.

La première parcelle, ou le premier pot (42), est le témoin, sans engrais ; deux autres ont reçu une *fumure complète*, dont l'une de fumier seul ; pour les trois autres, la fumure est incomplète, l'azote manque à celle-ci, l'acide phosphorique à celle-là, la potasse à la troisième. Le manque de chaux est trop difficile à réaliser expérimentalement.

Si l'on opère sur des végétaux à croissance rapide (céréales de printemps, chanvre, giroflées), il suffit de quelques soins pour mener à bien l'expérience, et les résultats sont très démonstratifs: le carré ou le pot qui a reçu un engrais privé d'azote, ou d'acide phosphorique, quoique largement pourvu des autres substances nutritives, porte souvent une récolte plus chétive que celle de la parcelle témoin qui n'a rien reçu du tout (42). Il semblerait que l'un des éléments introduits dans la fumure agit, en l'absence des autres, à la façon d'un poison ; on peut conclure, en tout cas, que l'équilibre de l'alimentation se trouve rompu au détriment de la récolte, et que l'un des éléments peut avoir une action nuisible si l'un des trois autres est en trop faible proportion, ce que l'on résume ainsi : *l'excès de l'un des quatre éléments nutritifs apportés au sol par les engrais peut être aussi nuisible que son insuffisance.*

Une conséquence importante découle de cette observation expérimentale : à un sol abondamment pourvu de l'un des quatre éléments, ou de plusieurs, il ne faudra donner, sous forme d'engrais, que les éléments en défaut; en d'autres termes, *un engrais convient bien à une terre s'il lui apporte* **ce qui lui manque** *pour nourrir les végétaux à cultiver.*

Des expériences analogues aux précédentes, mais réalisées en grand et souvent reproduites, ont permis de formuler les deux lois suivantes qui sont fondamentales en agriculture.

I. Loi de restitution. — *Il faut restituer au sol les éléments de fertilité exportés chaque année par les récoltes.*

II. Loi du minimum. — *A égalité de valeur culturale des semences et des conditions atmosphériques, les récoltes dépendent de la quotité disponible de l'aliment que le sol renferme en moindre quantité.*

1 2 3 4 5 6

42. Cultures démonstratives.

NUMÉROS ET DÉSIGNATION DES POTS.	NATURE DE L'ENGRAIS ET QUANTITÉ PAR KILOGRAMME DE TERRE.			
	Fumier consommé.	Nitrate de soude.	Superphosphate de chaux.	Sulfate de potasse.
1 témoin	»	»	»	»
2 sans potasse	»	2 grammes.	3 grammes.	»
3 — azote	»	»	Id.	1 gramme.
4 — phosphate	»	2 grammes.	»	Id.
5 fumier seul	25 grammes.	»	»	»
6 fumure complète	Id.	2 grammes.	3 grammes.	1 gramme.

DEVOIRS ÉCRITS OU INTERROGATIONS

Définir un engrais, en montrer la nécessité.

Culture démonstrative en pots, avec et sans engrais; décrire celle qui a été faite à l'école, rappeler les résultats obtenus et les conclusions qu'on en a déduites.

Énoncer et expliquer la loi dite « du minimum ».

Expliquer ce précepte : l'excès de l'un des quatre éléments nutritifs des végétaux peut être aussi nuisible que son insuffisance; en tirer des conclusions pratiques.

Énoncer et expliquer la loi dite « de restitution ».

17. Production et conservation du fumier.

CHOSES VUES. — *Comment s'obtient le fumier dans les écuries, ce qu'il renferme; sa conservation.*

OBSERVATIONS RÉSUMÉES ET CONCLUSIONS. — Le *fumier* est le premier de tous les engrais; il est formé des litières répandues sous le bétail et imprégnées de ses déjections liquides et solides. Au sortir de l'étable, il est ordinairement accumulé en un tas qui devient le siège d'une fermentation plus ou moins active; il en faut modérer l'échauffement par des arrosages avec le liquide qui s'en écoule et qu'on appelle *purin*.

La fermentation putride du fumier a pour résultat la transformation de certaines matières azotées en ammoniaque; l'urée contenue en assez grande quantité dans l'urine produit, en se putréfiant, du *carbonate d'ammoniaque* très soluble et très volatil; ce sel est non seulement un excellent engrais, mais un agent énergique de la transformation des litières en terreau : il les carbonise par combustion lente, ce qui leur donne une teinte noire plus ou moins foncée. Le cultivateur doit s'appliquer à maintenir, dans son fumier, ce produit précieux, c'est-à-dire le mettre à l'abri de toute cause de volatilisation ou de dissolution.

L'expérience suivante (43), qui ne présente aucune difficulté d'exécution, met en évidence la *puissance fertilisante des produits liquides et gazeux du fumier.*

Dans trois pots à fleurs remplis de bonne terre arable non fumée, on sème du gazon (ray-grass, par exemple) et, quand l'herbe a poussé de quelques centimètres, on la tond avec des ciseaux, de manière à l'égaliser dans chaque pot.

L'un des pots est ensuite arrosé de purin frais, étendu de son volume d'eau, de façon que toute la terre soit bien imbibée; au centre du second pot, on plante une tige de bois de la grosseur d'un crayon, de manière à pratiquer un trou vertical de 10 centimètres environ de profondeur qui recevra un tube à dégagement amenant les produits gazeux dégagés du fumier; le troisième pot sera le témoin : il recevra, comme les deux autres, l'eau d'arrosage en temps utile, mais pas autre chose.

Pour obtenir le dégagement gazeux destiné au second pot, il suffit de mettre du fumier et du purin frais dans une bouteille fermée d'un bouchon traversé par un tube à dégagement, et de relier ce dernier au tube plongeant au centre du semis de gazon.

Au bout de quinze jours, on constate que la végétation est très différente dans les trois pots : maigre et chétive dans le témoin, elle est au contraire vigoureuse dans la terre qui a reçu les émanations gazeuses du fumier, et davantage encore dans le pot arrosé préalablement de purin.

Si un peu de fumier enfermé dans une bouteille, et perdant par

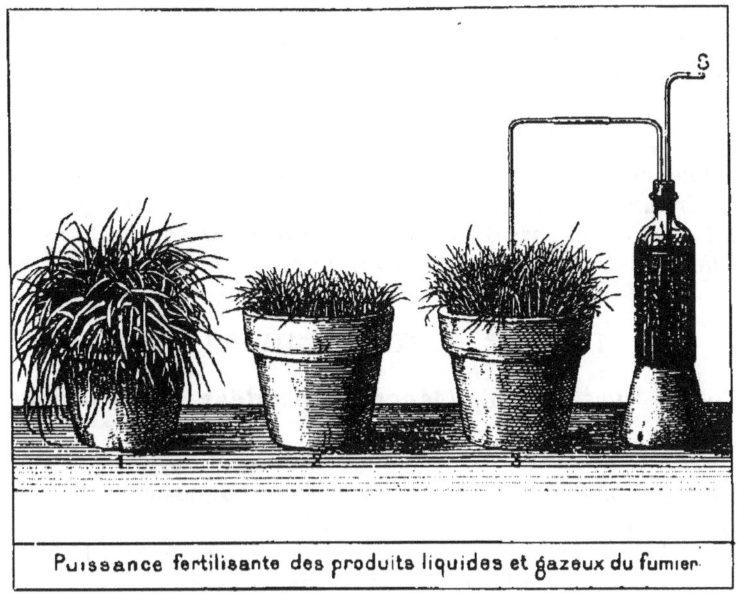

Puissance fertilisante des produits liquides et gazeux du fumier

43. Le n° 1 a reçu du purin, le n° 3 reçoit les gaz dégagés d'une bouteille contenant du fumier et du purin frais ; on provoque le dégagement en soufflant par le tube S relié à un soufflet au moyen d'un caoutchouc, soit autrement. Le n° 2, qui est le témoin, n'a rien reçu ; les trois pots ont été ensemencés de ray-grass de façon identique.

conséquent très peu de sa valeur, a laissé dégager de quoi nourrir une forte touffe d'herbe, beaucoup de fumier, abandonné au soleil ou à la pluie pourra perdre une quantité considérable de ses principes fertilisants : de quoi faire pousser des milliers de touffes d'herbe, des centaines de bottes de foin !

En abandonnant le tas de fumier sur une grande surface, à l'air, en le laissant éparpiller par la volaille, une grande partie des produits gazeux de sa fermentation se répandront dans l'air ; en le laissant soumis aux lavages de l'eau pluviale descendue des toits, en laissant perdre le purin qui s'en écoule, la valeur fertilisante diminuera de plus de moitié : une tonne de fumier bien soigné contient 4 ou 5 kilogrammes d'azote valant 7 ou 8 francs ; la même quantité de fumier mal soigné peut diminuer de moitié comme poids total et contenir à peine 2 kilos d'azote valant 3 francs.

Outre l'azote, le fumier renferme de l'acide phosphorique et de la potasse pour 2 ou 3 francs par tonne; les eaux pluviales en emportent parfois plus de la moitié.

On recommande de déposer le fumier frais par couches régulières sur une plate-forme entourée d'une rigole aboutissant à la fosse à purin, et de séparer chaque couche par une épaisseur de terre de 10 centimètres environ qui empêche, ou plutôt qui absorbe le dégagement ammoniacal. L'air ne doit pas pénétrer dans le tas : toute moisissure correspond à une perte d'azote; il faut donc *tasser le fumier et l'arroser fréquemment de purin.*

DEVOIRS ÉCRITS OU INTERROGATIONS

De quoi est composé le fumier et que donne sa fermentation?

Décrire une expérience qui met en évidence la puissance fertilisante des produits liquides et gazeux du fumier ; en tirer des conclusions pratiques.

Valeur en argent du fumier, soins de conservation.

18. Le fumier au village.

CHOSES VUES. — *Négligences constatées; dangers ou pertes qui en résultent.*

OBSERVATIONS RÉSUMÉES ET CONCLUSIONS. — Dans beaucoup de villages les rues sont bordées de fumiers mal tenus qui empiètent parfois sur la chaussée, et même sur les passages conduisant aux habitations; il semblerait que l'habitant ne trouve pas de plus bel ornement, devant sa porte ou sa fenêtre, que le tas d'immondices extraites de ses écuries et jetées insouciamment un peu partout, à ce point qu'il est souvent difficile de passer sans en souiller ses chaussures.

A la malpropreté, au manque d'hygiène, s'ajoutent des pertes considérables uniquement dues à la négligence de celui qui en est, à son insu, la première victime. Par le beau temps, des flaques de purin croupissant empestent l'atmosphère d'un dégagement ammoniacal infect; les jours de pluie, un ruisseau charriant un liquide noirâtre apporte, dans la mare servant d'abreuvoir au bétail, toutes sortes de microbes et de produits pestilentiels; parfois même des infiltrations se produisent qui vont contaminer l'eau des puits : celle-ci restant claire, on ne voit pas le danger et, si une épidémie éclate, on n'en soupçonne même pas la cause.

Un coup d'œil dans les rues de certains villages suffit pour se rendre compte de l'incurie des habitants : ici (44), le fumier est juché sur un sol en pente, ce qui favorise l'écoulement du purin vers la pompe communale; là (45), les tuyaux de descente d'eau des toits sont disposés, comme si on l'avait fait exprès, de façon à bien arroser le fumier les jours de pluie; presque partout, le tas est peu élevé et l'engrais, étalé sur une trop grande surface, se trouve dans des conditions très favorables pour subir l'action desséchante du soleil et des vents.

On peut évaluer approximativement à 20 ou 25 fois le poids du bétail, celui du fumier produit annuellement; c'est-à-dire qu'en supposant un troupeau communal de 100 vaches, par exemple, d'un

Le fumier au village

44. Le fumier arrosé par la gouttière voisine, éparpillé par les volailles, laisse écouler son purin dans une flaque voisine du puits où s'alimentent les habitants. Dans ce village, on cloue encore aux portes des granges les oiseaux utiles dits de « mauvais augure ».

poids moyen de 400 kilos chacune, la quantité de fumier obtenu dans une année peut atteindre (400 kg. × 100 × 25 = 1 000 000 kg.) 1 000 tonnes, à la condition de donner suffisamment de litière. Ces 1 000 tonnes de fumier valent au moins 10 000 francs; en volume, elles représentent de 1 200 à 1 500 mètres cubes de fumier demi-consommé, tel qu'on le conduit ordinairement dans les champs.

Si l'on se renseigne sur la fumure répandue en une année sur leurs terres par les propriétaires de 10 vaches, par exemple, on apprend qu'elle a atteint péniblement le chiffre de 40 voitures de 2 mètres cubes, en moyenne, chacune; soit à peine la moitié de la quantité d'engrais qu'on aurait pu produire. Encore convient-il de remarquer que l'engrais obtenu a perdu en partie ses principes fertilisants; en général, il n'est pas exagéré de dire que, faute de soins, les engrais préparés dans la plupart de nos villages représentent seulement la moitié de la fertilité qu'ils auraient pu rendre aux terres cultivées.

Ainsi, dans le village pris pour exemple, la perte s'élève au moins à 5000 francs, rien que pour l'engrais produit par une partie du bétail, l'espèce bovine.

Un des agronomes les plus distingués de notre époque, M. L. Grandeau, a calculé qu'on perd, en France, par manque de soins dans la confection des fumiers, pour plus d'*un demi-milliard de francs d'engrais;* et il estime à **plus d'un milliard** la valeur de l'excédent des récoltes qu'on pourrait obtenir par ce supplément de matières fertilisantes.

45. Le fumier dans les rues, au village.

Il y en a partout ; et ce qui n'est pas évaporé, par le vent ou le soleil, est entraîné par les eaux pluviales, dont les tuyaux de descente des toits semblent disposés exprès pour produire un lavage complet.

Au lieu de geindre sans cesse, de se plaindre de la dureté des temps, de réclamer secours, assistance ou protection de l'État-providence, le cultivateur ferait bien mieux de prendre sa part du milliard signalé par M. Grandeau; le moyen est à la portée de tous, puisqu'il n'exige aucune avance de fonds : produire de meilleures et de plus abondantes récoltes en augmentant, par suppression des causes de pertes, la quantité et la qualité des engrais naturels, voilà le premier progrès à réaliser. Les autres viendront ensuite : Aide-toi, le ciel t'aidera, dit un vieux proverbe.

DEVOIRS ÉCRITS OU INTERROGATIONS

Signaler les négligences constatées dans la tenue des fumiers au village. Évaluer les pertes qui en résultent et indiquer les dangers auxquels les habitants sont exposés.

Faire le dénombrement du bétail du village : combien de chevaux, de bœufs et vaches, de moutons? Quelle quantité de fumier l'une de ces trois espèces, au choix, devrait-elle produire annuellement? Combien en produit-elle réellement, environ? Calculer, en argent, la valeur de la différence et conclure.

19. Fumier bien tenu.

Choses vues. — *Déperdition des substances fertilisantes, liquides et gazeuses du fumier, moyens de la diminuer; moisissures.*

Observations résumées et conclusions. — Le fumier de ferme le mieux soigné est celui qui subit les moindres pertes en matières fertilisantes. Ces pertes, qui ne sauraient être complètement supprimées, ont trois causes principales : 1° le dégagement, dans l'atmosphère, des produits gazeux ammoniacaux; 2° l'écoulement, au ruisseau, des substances liquides; 3° la production de moisissures intérieures correspondant toujours à une déperdition d'azote.

Purin recueilli par des terres absorbantes

46. Une bonne terre meuble imprégnée de purin vaut du terreau; relevée sur le fumier, elle absorbe les émanations ammoniacales.

La première cause est atténuée par la réduction des circonstances favorables à toute évaporation, c'est-à-dire par la diminution de la surface évaporante et par l'abaissement de température. On sait que, pour sécher rapidement un linge mouillé, on l'étend de manière à lui donner la plus grande surface possible, on renouvelle l'air autour de lui, et on l'expose au soleil ou devant un foyer de chaleur. Le fumier offrira d'autant moins de surface d'évaporation qu'il sera mieux tassé; il se desséchera moins à l'ombre qu'au soleil, à l'abri des courants d'air qu'en plein vent; et, si on l'arrose de purin quand la fermentation en élève par trop la température, on atténuera les conditions favorables au dégagement des gaz ammoniacaux.

Il serait difficile de supprimer l'écoulement des produits liquides, sauf en faisant usage de certaines litières telles que la tourbe, ou en saupoudrant les litières ordinaires de phosphates naturels bien moulus, qui absorbent le purin en excès et apportent en outre un complément d'engrais. Mais on conjure généralement la seconde cause de perte en *recueillant, dans une fosse étanche, tout le purin qui* s'écoule des écuries et des fumiers.

Quant aux moisissures qui ne peuvent se développer sans oxygène,

47. Fumier bien tenu, arrosé fréquemment du purin recueilli; l'eau pluviale des toits est écartée de la place à fumier.

il suffira, pour en arrêter la production, d'empêcher l'air de pénétrer à l'intérieur du fumier : le tassement quotidien de celui-ci suffira ; il a été déjà reconnu nécessaire pour la suppression de la première cause de déperdition.

Le pouvoir absorbant de la terre arable peut être mis à profit pour diminuer notablement la perte des fumiers en matières fertilisantes liquides et gazeuses.

On recommande de déposer par couches, sur une plate-forme étanche, le fumier extrait de l'écurie, et de recouvrir chaque couche d'une épaisseur de terre franche de 10 centimètres environ; cette terre, préalablement débarrassée de ses cailloux, absorbe une grande partie des produits liquides et gazeux qui s'échapperaient du fumier.

Si, malgré cette précaution, le purin apparaît autour du tas de fumier, on l'absorbe par un nouvel apport de terre (46) dont on recouvrira ensuite le tas, s'il ne doit être transporté aux champs qu'un peu plus tard.

Dans toute exploitation bien tenue, l'installation de la place à fumier comporte la construction d'une *fosse à purin;* aucun cultivateur ne nie la puissance fertilisante du précieux liquide, mais la plupart ne consentent aucune dépense pour le recueillir.

On peut construire, à peu de frais, une fosse étanche en employant de l'argile bien damée (47) et revêtue à l'intérieur d'un petit mur bâti à sec, ou plus simplement encore en y encastrant un vieux fût hors d'usage défoncé par un bout : en une seule année, l'augmentation de récoltes due au purin recueilli fournira, et au delà, les fonds nécessaires à la construction d'une vraie fosse munie de sa pompe à purin.

En résumé, la visite des exploitations agricoles où le fumier est bien soigné donne lieu aux observations suivantes :

1° Le fumier fréquemment enlevé des écuries est accumulé en tas présentant à l'air la plus petite surface possible ;

2° Le sol des étables et celui de la place à fumier sont rendus étanches de façon à prévenir toute infiltration de purin; des rigoles aboutissent à une fosse également étanche, voisine du fumier et ne recevant aucune eau pluviale (99) ;

3° Le fumier est soigneusement tassé, parfois par piétinement du bétail, afin d'empêcher l'accès de l'air qui produit des moisissures consommant de l'azote ; le tas de fumier est arrosé plus ou moins fréquemment, avec le purin puisé dans la fosse, afin de modérer l'échauffement résultant de la fermentation.

DEVOIRS ÉCRITS OU INTERROGATIONS

Indiquer les principales causes de déperdition des éléments fertilisants du fumier et les moyens de les atténuer.

Dire ce que l'on a constaté en examinant un fumier bien tenu.

Résumer les opérations faites, dans une exploitation agricole moderne, en visitant les écuries et la place à fumier.

20. Le purin.

CHOSES VUES. — ***Quantités de purin fournies par le bétail, estimation de sa valeur; expérience montrant sa puissance fertilisante.***

OBSERVATIONS RÉSUMÉES ET CONCLUSIONS. — Le purin a pour origine l'urine des animaux de l'exploitation agricole ; sa fermentation transforme l'*urée* en *carbonate d'ammoniaque* qu'il faut conserver avec soin à cause de sa double valeur : c'est un élément fertilisant d'une grande puissance ; en outre, c'est l'agent essentiel de la transformation du fumier en terreau. Le purin qui sert à l'arrosage du fumier s'enrichit encore des sels ammoniacaux produits par la fermentation des matières organiques azotées contenues dans les déjections solides du bétail.

Ces considérations justifient la recommandation suivante au sujet des arrosages du fumier par le purin : *Choisir une journée fraiche ou un temps couvert afin d'éviter les déperditions ammoniacales.*

Si l'on évalue à 10 litres la quantité d'urine émise quotidiennement par une vache, on en déduira que la production annuelle est comprise entre trois et quatre tonnes ; or deux tonnes de purin bien récolté ont sensiblement la même valeur qu'une tonne de fumier bien soigné évaluée à 10 ou 12 francs. A ce compte, on peut affirmer qu'un seul bovidé produit annuellement pour 20 francs de purin et qu'il se perd bien des louis d'or dans les villages et les fermes de France.

Se doute-t-on seulement, en mainte exploitation agricole, de la véritable valeur fertilisante du purin? Voici à ce sujet une anecdote typique souvent citée :

Deux laboureurs se querellaient pour un mur mitoyen, l'un voulait obtenir de l'autre le payement du dommage causé par une infiltration de purin qui menaçait, à son dire, de remplir sa cave. Un procès allait être engagé quand le fils du plaignant, retour du service militaire, s'avisa d'agrandir les fissures donnant accès au purin du voisin et de les faire aboutir à une fosse faite d'un vieux tonneau qui se remplit dix fois au cours de l'hiver, et dix fois fut répandu sur un pré voisin. Le résultat, à la fenaison, attira l'attention de tous. Depuis, les deux voisins vivent en paix et chacun recueille avec soin le purin de ses fumiers.

A défaut de cet exemple d'un intérêt surtout local, on pourrait, grâce à une expérience facile, frapper l'attention de tous par l'utilisation largement rémunératrice du purin perdu, soit en répétant la démonstration sur le pré, soit en opérant simplement dans deux pots à fleurs :

Cinq ou six grains d'avoine sont semés dans deux pots remplis de la même terre franche, mais dont l'une a été imprégnée de purin; après trois mois d'un bon entretien de part et d'autre, la différence de végétation est si considérable (39-43) qu'elle provoque les réflexions des plus insouciants.

Dans quelques régions, celles du Nord notamment, l'établissement des fosses à purin se généralise; mais le jour ne semble pas proche encore de la disparition des flaques et ruisselets du précieux engrais qui empoisonnent l'atmosphère, les abreuvoirs et les puits, au lieu d'aller porter la fertilité dans les terres qui en sont dépourvues. Loin de recueillir le purin avec le même souci que s'il s'agissait des produits d'une récolte, certains agriculteurs vont même jusqu'à pratiquer des ouvertures dans les murs de leurs étables pour en faciliter le départ dans la rue : « Ce mince filet noirâtre est de minime importance, dit-on ; que sont quelques gouttes de plus ou de moins ? »

On se trompe étrangement sur le volume total perdu en une année ; ceux-là seuls qui le recueillent dans une fosse étanche s'en font une idée approximative.

Tel emprunte pour acheter des engrais commerciaux qui laisse perdre la moitié du purin et du fumier de sa ferme ! Avant d'acheter à crédit un supplément d'engrais, il serait économique de recueillir d'abord toutes les matières fertilisantes qu'on a sous la main.

DEVOIRS ÉCRITS OU INTERROGATIONS

Origine du purin ; quantités produites, leur valeur en argent.

Arrosage du fumier par le purin ; effets produits, précautions nécessaires.

Décrire une expérience faite sur la valeur fertilisante du purin, et en tirer les conclusions.

21. Matières fertilisantes perdues.

CHOSES VUES. — ***Débris et déchets provenant du jardin, de la cuisine et autres dépendances de l'exploitation agricole ; pourrissoir, compost.***

OBSERVATIONS RÉSUMÉES ET CONCLUSIONS. — Toute exploitation agricole laisse de nombreux déchets ou résidus utilisables comme engrais, et qui ne sont l'objet d'aucun soin.

Dans la cour ou le jardin, les agriculteurs avisés réservent un coin pour le *pourrissoir*. C'est une sorte de fosse à fumier où l'on rassemble les débris inutilisés du potager, du verger, etc. ; on y ajoute les balayures, les chiffons, les papiers, les platras de démolition, les feuilles sèches, les mauvaises herbes, les marcs de raisins, de pommes, d'olives, la suie, les cendres lessivées ou non ; les eaux de vaisselle ou de lessive, et surtout les urines, arrosent le tout et favorisent la formation du *compost*.

Les déjections extraites du poulailler, du colombier, constituent un engrais généralement trop actif pour être employé seul ; aussi convient-il de le mélanger à son volume de terre fine en le pulvérisant : l'emploi du produit ainsi obtenu est très apprécié des jardiniers.

En Flandre, comme en Chine, on ne laisse rien perdre des matières fécales ; sous le nom d'*engrais flamand*, de *courte graisse*, etc., on prépare un produit remarquable par la puissance de sa fertilité.

La répugnance éprouvée dans le maniement de la matière première est sans doute la principale cause du peu d'emploi, en France, de l'engrais humain ; cependant les procédés ne manquent pas qui permettent des manipulations n'ayant rien de repoussant. Le plus généralement employé repose sur l'utilisation des propriétés désinfectantes du *sulfate de fer* ou *vitriol vert :*

Un tonneau défoncé par un bout sert de récipient dans les latrines; on le remplit à demi d'un mélange de paille hachée, ou de balles d'avoine, avec du sulfate de fer bien pulvérisé, dans la proportion de 2 ou 3 des premières pour 1 du second, en poids. Le mélange désinfectant est plaqué contre les parois du fût en opérant de la manière suivante : on place, au centre, un cylindre tiré d'un tronc d'arbre, ou mieux un tronc de cône reposant sur sa petite base (une vieille baratte par exemple), puis, dans l'espace annulaire, on tasse fortement le mélange de paille menue et de sulfate de fer; retirant ensuite le cylindre ou le tronc de cône central, on porte le fût sous le siège des latrines.

A mesure que les déjections le remplissent, l'urine dissout peu à peu le sulfate de fer; quand le récipient est presque plein, on en verse le contenu, sans l'éparpiller, dans un fossé creusé au jardin, et on le couvre de terre. Si l'on ne touche à la masse que six mois plus tard, on la trouve transformée en une sorte de terreau noirâtre dont le maniement a cessé d'être répugnant : rien, ni dans l'aspect, ni dans l'odeur, ne trahit son origine.

Dans la Flandre et le Hainaut, on estime de 40 à 50 francs la valeur des excréments solides et liquides fournis en un an par un adulte.

DEVOIRS ÉCRITS OU INTERROGATIONS

Matières fertilisantes, généralement perdues, provenant de la maison d'habitation ou du jardin. Comment les réunit-on pour en faire un compost?

Qu'appelle-t-on « engrais flamand »? Indiquer un moyen pratique de le désinfecter; sa valeur en argent.

22. Emploi rationnel du fumier.

CHOSES VUES. — ***Transport du fumier dans les champs; fumerons, moyens d'empêcher les pertes et d'assurer une égale répartition dans l'épandage.***

OBSERVATIONS RÉSUMÉES ET CONCLUSIONS. — Il ne suffit pas, au cultivateur, de préparer de grandes quantités de fumier de bonne qualité, il faut encore qu'il sache utiliser son engrais dans les meilleures conditions d'emploi.

De même qu'il ne faut pas exposer le tas de fumier, dans la cour de la ferme, à l'action desséchante des vents et du soleil, de même on doit éviter de l'étaler sur une grande surface, dans le champ qu'il doit fertiliser, s'il n'est pas possible de l'enfouir presque aussitôt par un labour.

On conçoit, en effet, que l'épandage d'un tas de fumier centuple sa surface de contact avec l'air extérieur et que, dans ces conditions, le moindre vent, un coup de soleil, suffira pour volatiliser la plus grande partie du carbonate d'ammoniaque que recèle l'engrais. Il reste alors, sur le sol, un fumier desséché, privé de sève en quelque sorte, dépourvu, en tout cas, de son énergie fertilisante.

Par un temps humide, ou pluvieux, la perte en substance ammoniacale est moins à craindre : les matières gazeuses et liquides du fumier sont dissoutes par la pluie ou l'humidité atmosphérique, entraînées dans le sol et retenues par son pouvoir absorbant.

On recommande avec raison, aux agriculteurs, de ne pas conserver pendant plus de trois mois un tas de fumier, et de le conduire,

Epandage du fumier.

48. Le cultivateur avisé laboure aussitôt après l'épandage.

sans plus de retard, dans le champ qu'il doit fertiliser : c'est qu'on a constaté que si l'engrais se bonifie tout d'abord, sur la place à fumier, par les arrosages de purin, il ne tarde pas à perdre ensuite de sa valeur fertilisante; lorsque toute fermentation putride cesse, au sein de la masse de fumier, il se produit d'autres phénomènes dont le principal résultat est une diminution de la teneur en azote.

Conduit aux champs, le fumier y est d'abord réparti en petits tas ou *fumerons*, espacés entre eux du double de la distance à laquelle il pourra être lancé par l'opération de l'épandage (48). Si cette opération ne peut être suivie, à bref délai, d'un labour enfouissant le fumier dans le sol, il conviendra de couvrir chaque fumeron d'une couche de terre de quelques centimètres d'épaisseur capable d'absorber les émanations ammoniacales; cette terre sera répandue plus tard, en même temps que le fumier.

La place où a séjourné le fumeron est facilement reconnaissable au cours de la végétation : les céréales y sont plus hautes, la couleur verte plus foncée, l'alimentation azotée y a été plus copieuse et, par suite, la verse plus à craindre. A l'épandage du fumeron, il conviendrait de disperser également la terre sur laquelle il a reposé, et qui ressemble à celle qu'on aurait arrosée de purin.

DEVOIRS ÉCRITS OU INTERROGATIONS

Comment et quand se fait le transport et l'épandage du fumier dans les champs; comment empêcher la déperdition de ses éléments fertilisants?

D'où viennent les taches vertes plus foncées dans un champ de céréales?

23. Valeur et insuffisance du fumier.

CHOSES VUES. — ***Comment se calcule la valeur, en argent, d'un fumier; comparaison entre la quantité d'éléments fertilisants enlevés par une récolte et celle rendue, à la même terre, par les engrais.***

OBSERVATIONS RÉSUMÉES ET CONCLUSIONS. — La valeur, en argent, du fumier de ferme dépend, comme celle de tout engrais, de sa teneur en *azote, acide phosphorique* et *potasse.* Cela signifie, par exemple, que si un fumier demi-consommé provenant des diverses étables d'une exploitation pèse 500 kilos au mètre cube, et que l'analyse chimique y révèle, *pour mille,*

5 d'azote (estimé, selon le cours, de 1 fr. 50 à 2 francs le kilo),

2 à 3 d'acide phosphorique et *5 à 6 de potasse* (estimés l'un et l'autre de 40 à 50 centimes),

la valeur de ce fumier (soit 2 m. c. pesant 1 000 kg.)

sera, au minimum, de (1 fr. 50 × 5 + 0 fr. 40 × 7) 10 fr. 30 c.

et, au maximum, de (2 fr. × 5 + 0 fr. 50 × 9) 14 fr. 50 c.

soit une valeur moyenne de 12 fr. 40 c. la tonne (2 m. c.).

Un engrais commercial formé d'un mélange de nitrate de soude, de superphosphate de chaux et de kaïnite, par exemple, et qui renfermerait exactement autant d'azote, d'acide phosphorique et de potasse que le fumier précédent, serait vendu le même prix; on le considère donc comme ayant le même pouvoir fertilisant, sous un volume beaucoup moindre : un petit sac, au lieu d'une grande voiture.

Cependant, le fumier aurait sur ce mélange une supériorité incontestable due à des qualités qui ne sont pas *cotées :* mélangé au sol, le fumier l'ameublit si la terre est argileuse, il lui donne du corps si la terre est légère; il concourt, par les produits de sa putréfaction, à rendre assimilables les substances minérales nutritives provenant des roches; le travail de décomposition du fumier maintient la terre dans un état favorable au développement des racines, et, comme ce travail est lent, il en résulte que les principes fertilisants sont mis progressivement à la disposition des végétaux à mesure qu'ils deviennent assimilables.

Cet ensemble de qualités représente une valeur qui ne peut guère se calculer en argent, comme un poids déterminé d'azote, de potasse, etc., mais qui fait du fumier *l'engrais par excellence.* Tout cultivateur avisé doit donc diriger son exploitation, grande ou petite, de façon à ne jamais perdre le fumier et à lui conserver ses qualités.

Plusieurs facteurs concourent à assurer ces qualités; tout d'abord, la nature et la quantité des aliments donnés au bétail, puis celles des litières. Mieux le bétail sera nourri, meilleur sera le fumier, surtout si la litière est elle-même riche en éléments fertilisants; mais le cultivateur devrait savoir qu'une paille récoltée sur un terrain appauvri en potasse ou en acide phosphorique ne saurait fournir, comme litière, qu'une faible quantité de l'élément fertilisant dont elle est presque dépourvue elle-même.

Dans une exploitation agricole bien conduite, non seulement le fumier est l'objet de soins intelligents en vue de diminuer ses pertes en éléments fertilisants; mais tout débris, déchet, résidu renfermant de l'azote, de l'acide phosphorique ou de la potasse vient augmenter la quantité d'engrais à fournir aux terres. Cependant et quoi qu'il arrive, cette quantité reste bien inférieure à celle que les récoltes enlèvent au sol; on a calculé que *la totalité des engrais naturels produits par l'agriculture française ne peut fournir que la* **moitié** *des éléments fertilisants enlevés au sol par les récoltes d'une année.*

La plus grande partie de l'autre moitié a été assimilée par le bétail, transformée en viande de boucherie, volailles, lait, œufs, etc., vendus au marché; en laine, cuir, poils, plumes, etc., qui ont pris le chemin de la fabrique. Le reste contenu dans le pain, les pâtes, les légumes, les fruits, les boissons, etc., a contribué à notre propre alimentation. De toutes ces substances venues du sol, combien y retournent ?

En traversant les villes, les cours d'eau reçoivent des quantités considérables d'engrais, évaluées à des centaines de millions de francs, et qui empoisonnent les riverains, au lieu d'aller fertiliser des millions d'hectares. Sous ce rapport, nous sommes moins avancés que les Chinois, qui savent, paraît-il, conserver à leur sol sa fécondité grâce à *la restitution de tous les résidus provenant de l'homme et des animaux.*

DEVOIRS ÉCRITS OU INTERROGATIONS

Le bulletin d'analyse d'un fumier porte, pour 1 000 : azote, 5; acide phosphorique, 3; potasse, 5; les cours du jour étant 1 fr. 75 pour l'azote et 0 fr. 40 pour chacun des deux autres, trouver la valeur, en argent, d'un mètre cube de ce fumier, sachant qu'il en faut deux pour peser une tonne.

Comparer la valeur d'un fumier à celle d'un engrais commercial ayant la même teneur en éléments fertilisants.

Expliquer pourquoi la totalité du fumier produit dans une exploitation agricole est insuffisante pour appliquer la loi de restitution.

24. Engrais complémentaires.

Choses vues. — *Nécessité des engrais complémentaires du fumier, expériences qui en démontrent l'efficacité.*

Observations résumées et conclusions. — Les trois quarts environ des terres labourables françaises ne contiennent pas assez de phosphates assimilables; plus de la moitié sont pauvres en chaux, et l'on en compte environ un dixième qui sont presque dépourvues de potasse. En supposant que les engrais naturels pussent rapporter au sol la totalité des éléments fertilisants enlevés par les récoltes, ils demeu-

49. Action d'un seul élément apportant ce qui manque le plus au sol (seigle).

reraient insuffisants, dans presque tous les cas, pour *augmenter* la fertilité des terres cultivées, puisqu'ils sont incapables d'apporter les éléments en défaut.

On sait en outre que la restitution, par les engrais naturels, des éléments fertilisants enlevés par les récoltes est toujours incomplète et par conséquent insuffisante même à *maintenir* la fertilité d'une terre.

De cette insuffisance du fumier à corriger les défauts d'un sol, et même à en maintenir la fertilité, découle la nécessité de recourir à des *engrais complémentaires.*

Le rôle des engrais complémentaires du fumier, ou *engrais commerciaux*, a été ainsi défini par les stations agronomiques : il consiste à corriger l'insuffisance de la composition du fumier de ferme, dont ils sont un adjuvant, un complément pour le sol. Pour obtenir, par leur emploi, des résultats économiques avantageux, il convient de ne fournir au sol que ce qui lui sera vraiment utile.

Cette définition est, sous une autre forme, la conclusion des cultures démonstratives faites sur l'avoine (15) et sur le chanvre (42).

L'utilité des engrais complémentaires, et le bénéfice résultant de leur emploi apparaissent d'une façon frappante lorsqu'*un seul élément* de fertilité est en défaut. Si, sur la moitié d'un carré de terre pauvre en acide phosphorique, on répand une bonne dose (500 kg. à l'hectare) de scories de déphosphoration et qu'on ensemence le tout en seigle, la récolte est double du côté scorié (49) : c'est une conséquence de la loi du minimum.

La même expérience, répétée avec du nitrate de soude, donne un

50. Engrais incomplet ou complet.

Blé semé en octobre, la terre ayant reçu, dans les deux pots, le même engrais phosphaté et potassique. Au tallage on a donné du nitrate à l'un des deux : la photographie a été prise un mois après.

résultat analogue dans une terre pauvre en azote : elle se réalise facilement en pots (50).

Mais, dans un sol à la fois pauvre en azote et en acide phosphorique, l'emploi simultané des deux engrais est encore plus remarquable (51) : *l'augmentation totale de récolte dépasse la somme des augmentations partielles;* c'est-à-dire que si la parcelle ne recevant que du nitrate donne une augmentation de 6, par exemple, celle recevant du phosphate seulement une augmentation de 4, la parcelle recevant à la fois le nitrate et le phosphate fournira une augmentation de 12, de 15, et quelquefois davantage, en tout cas supérieure à 6 + 4.

Pour connaître *l'élément qui se trouve en plus petite quantité dans le sol,* il suffit de répéter, sur des surfaces suffisamment étendues pour permettre le calcul du rendement, les expériences ordinaires de cultures démonstratives (15 et 42).

Comme *champ d'essai*, on choisit, au printemps, un blé d'une végétation régulière, et l'on délimite, par des allées de 50 centimètres de large où l'on détruit le blé, quatre parcelles exactement égales, d'un are chacune, par exemple. Sur la première parcelle, on répand, en couverture, un engrais complet composé de 2 kilogrammes de nitrate de soude, 3 kilogrammes de superphosphate et 1 kilogramme de sulfate de potasse (sel de Stassfurt); sur chacune des trois autres

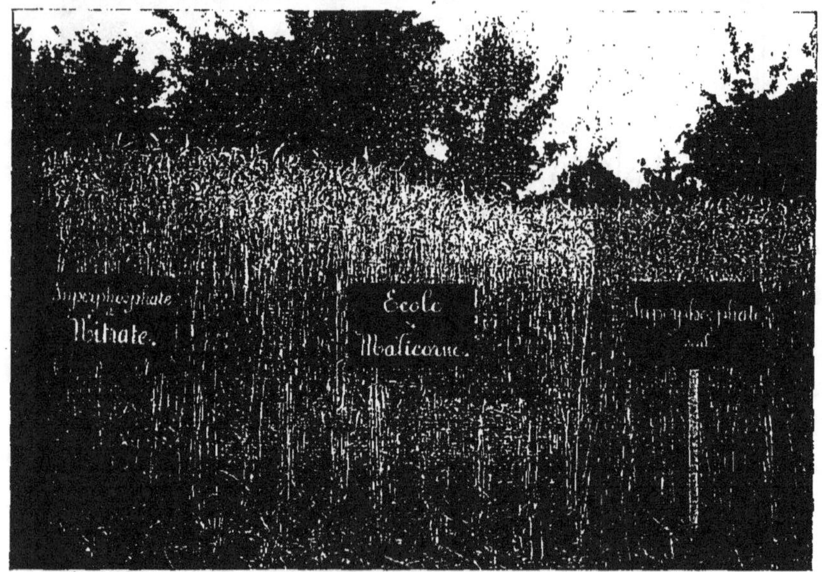

51. Action du superphosphate employé seul ou associé au nitrate (blé).

parcelles, l'engrais manque de l'un ou l'autre de ces trois éléments fertilisants.

A la récolte, on pèsera séparément le grain recueilli sur chaque parcelle, et l'on établira le déficit de chacune des trois dernières parcelles sur la première; s'il est faible pour la parcelle dont l'engrais ne renfermait pas de potasse, c'est que le sol en est suffisamment pourvu, ou à peu près; l'élément qui manquait à l'engrais de la parcelle accusant le plus grand déficit est celui qui fait surtout défaut dans le sol.

Dans ces expériences, il convient toujours de prendre l'avis du professeur d'agriculture.

DEVOIRS ÉCRITS OU INTERROGATIONS

Qu'appelle-t-on engrais complémentaires du fumier? Expliquer leur utilité et leur nécessité.

Rappeler l'une des expériences où apparaissent les conséquences de la loi du minimum.

Comment peut-on déterminer l'élément fertilisant qui se trouve en plus petite quantité dans un sol cultivé ?

25. Achat d'engrais commerciaux.

CHOSES VUES. — *Échantillons des principaux engrais chimiques, moyens de les distinguer l'un de l'autre.*

OBSERVATIONS RÉSUMÉES ET CONCLUSIONS. — Les engrais vendus par le commerce contiennent, sous un faible volume, une quantité parfois considérable de principes fertilisants; tandis que les fumiers renferment seulement quelques millièmes d'azote, d'acide phosphorique, de potasse, les engrais chimiques en recèlent une proportion variant de 10 à 50 pour 100 de leur poids.

L'AZOTE est livré par les marchands d'engrais sous trois formes :

1° De *nitrate de soude* (salpêtre du Chili), ou de *nitrate de chaux* (Nottoden), ou, plus rarement, de *nitrate de potasse* (salpêtre ordinaire);

2° De *sulfate d'ammoniaque* provenant des usines à gaz, etc.;

3° De *débris organiques* pulvérulents, desséchés ou torréfiés : sang, viandes, excréments, cornes, cuirs, laines, etc.

Un nouvel engrais azoté, fabriqué en France, s'obtient en faisant passer un courant d'air dépouillé de son oxygène sur du *carbure de calcium* porté à une haute température; on l'appelle *chaux-azote* ou, plus scientifiquement, *cyanamide de calcium* : c'est une poudre noire, riche en chaux, par conséquent à réaction alcaline, et qui titre de 15 à 20 pour 100 d'azote.

A Nottoden (Norvège), on fabrique de l'acide nitrique, ou azotique, en unissant directement, sous l'influence de l'étincelle électrique, l'azote et l'oxygène de l'air atmosphérique; les *vapeurs nitreuses* obtenues sont recueillies dans un *lait de chaux* où elles forment du *nitrate de chaux*. Ce nouvel engrais artificiel commence à se substituer, en agriculture, et aussi en industrie, au *nitrate de soude* du Chili.

Le prix du kilogramme d'azote varie, suivant les cours, de 1 fr. 50 à 2 francs, et aussi selon son origine; l'azote organique est généralement le plus cher; l'azote ammoniacal, le meilleur marché. L'azote nitrique est le plus généralement employé.

L'ACIDE PHOSPHORIQUE est vendu sous trois formes principales :

1° Les *phosphates neutres* (sans action sur le tournesol), obtenus en broyant, plus ou moins finement, les phosphates naturels extraits de divers gisements en France, Algérie, Tunisie;

2° Les *superphosphates*, résultant de l'action de l'acide sulfurique sur les précédents; leur réaction est franchement acide, c'est-à-dire qu'ils rougissent le tournesol; ils sont en partie solubles dans l'eau, ce qui facilite leur diffusion dans le sol, où ils deviennent ensuite rapidement insolubles (pouvoir absorbant);

3° Les *scories de déphosphoration,* provenant des usines métallurgiques où l'on enlève le phosphore associé à la fonte de fer; elles contiennent une forte proportion de chaux vive qui rend le produit très alcalin; il bleuit, en effet, le tournesol rouge et peut, par conséquent, neutraliser les effets acides de certains sols; il peut donc agir doublement, et par l'acide phosphorique et par la chaux vive qu'il apporte aux terres sur lesquelles on le répand.

Les *phosphates d'os,* le *noir de raffinerie,* les *phosphates précipités* sont aussi des engrais phosphatés, mais moins abondamment répandus que les précédents.

Le prix de vente des engrais phosphatés dépend non seulement de leur teneur en acide phosphorique, mais aussi de l'assimilabilité vraie, ou prétendue telle, de cet acide : la valeur de l'unité d'acide phosphorique, c'est-à-dire d'un kilogramme par quintal d'engrais, est parfois inférieure à 15 centimes dans les phosphates naturels, tandis qu'elle atteint 50 centimes dans les superphosphates; elle est intermédiaire pour les scories.

La POTASSE des engrais complémentaires était autrefois demandée aux cendres de bois; sous forme de *chlorure de potassium,* on en extrait aussi des eaux de la mer; mais la plus grande partie de cet élément fertilisant provient des immenses gisements découverts, en 1860, à Stassfurt (Prusse). L'unité de potasse est cotée, suivant les cours, de 30 à 50 centimes: moins chère dans le chlorure, elle est plus estimée dans le sulfate et surtout dans la kaïnite. Les chlorures titrent de 30 à 50 % de potasse, les sulfates de 25 à 30 %.

Les engrais phosphatés se distinguent de tous les autres par leur aspect pulvérulent : ils sont amorphes, tandis que les nitrates, les sels ammoniacaux et potassiques sont cristallins, c'est-à-dire qu'on y remarque de nombreux cristaux plus ou moins brillants.

Il est assez facile de reconnaître un nitrate ou un sel ammoniacal et de ne pas confondre, avec l'un ou l'autre, un engrais potassique.

En chauffant sur une coupelle (couvercle de boîte à cirage), ou dans un ballon de verre, un mélange de chaux (vive ou éteinte) et d'un engrais ammoniacal, on perçoit un dégagement très caractéristique d'*alcali volatil.* L'expérience se fait plus simplement encore en *éteignant,* avec une solution concentrée du sel à examiner, un morceau de chaux vive obtenue, à défaut d'autre, par la calcination d'un petit bâton de craie dans un poêle en pleine activité : si la buée qui se dégage au moment où la chaux se délite répand une forte odeur ammoniacale, on est fixé sur sa nature ; si la buée est inodore, la substance essayée est un nitrate ou un sel potassique.

Pour reconnaître un nitrate, on en projette une pincée sur un charbon ardent : *il fuse*, c'est-à-dire qu'il brûle comme la poudre d'une fusée.

Lorsqu'on achète un engrais commercial, il faut toujours réserver la garantie d'analyse, et faire prélever des échantillons que l'on soumet ensuite à la *station agronomique* ou au *laboratoire agricole* voisin. Les fraudes sont fréquentes, on ne saurait trop s'en méfier.

DEVOIRS ÉCRITS OU INTERROGATIONS

Différence entre la teneur en éléments fertilisants du fumier et celle des engrais chimiques.

Sous quelles formes le commerce livre-t-il l'azote, l'acide phosphorique, la potasse? Précautions à prendre pour les achats.

Comment distinguer les uns des autres les engrais commerciaux? Lesquels sont amorphes, lesquels cristallins? Décrire une expérience simple permettant de reconnaître un nitrate; — un sel ammoniacal.

26. Mélanges d'engrais.

CHOSES VUES. — *Mélanges d'engrais provoquant une perte en éléments fertilisants; mélanges sans inconvénient.*

OBSERVATIONS RÉSUMÉES ET CONCLUSIONS. — Si l'on doit employer plusieurs engrais complémentaires sur le même sol, il peut y avoir intérêt à les mélanger avant de les répandre, soit pour économiser la main-d'œuvre, soit pour assurer une meilleure répartition.

Cependant, il ne faudrait pas qu'il pût en résulter une perte de l'une des matières fertilisantes par évaporation ou par diminution d'assimilabilité. On sait que la chaux vive met en liberté l'alcali des sels ammoniacaux : on se gardera donc de mélanger des scories de déphosphoration avec du sulfate d'ammoniaque, de la chaux avec du fumier, etc.

Les nitrates se décomposent facilement sous l'influence des acides énergiques; si donc un nitrate est mis en contact prolongé avec du superphosphate, un peu d'acide nitrique pourra être mis en liberté et, dans ces conditions, se décomposer partiellement avec perte d'azote. On pourra néanmoins faire le mélange à la condition de le répandre dans la même journée.

Les superphosphates sont des phosphates naturels rendus plus rapidement assimilables par l'action d'un acide; si l'action de cet acide se trouve plus ou moins neutralisée par le contact d'un engrais calcaire, par exemple, l'assimilabilité diminuera d'autant.

On a imaginé, d'après P. Larue, une figure schématique faisant connaître les mélanges d'engrais ne présentant aucun inconvénient, ceux qui doivent être répandus le même jour, enfin ceux qui provoquent infailliblement des pertes. Voici la construction (52) :

On trace un octogone et l'on inscrit à chaque sommet, en commençant par le plus élevé et en continuant dans le sens du mouvement des aiguilles d'une montre, les huit genres d'engrais dont les noms suivent : 1. Superphosphates. — 2. Scories et phosphates naturels. — 3. Fumier, guanos, etc. — 4. Kaïnite. — 5. Nitrates. — 6. Sulfate et chlorure de potassium. — 7. Sulfate d'ammoniaque. — 8. Marne et chaux.

Si l'on marque ensuite, d'un trait fort ▬, le diamètre vertical, les

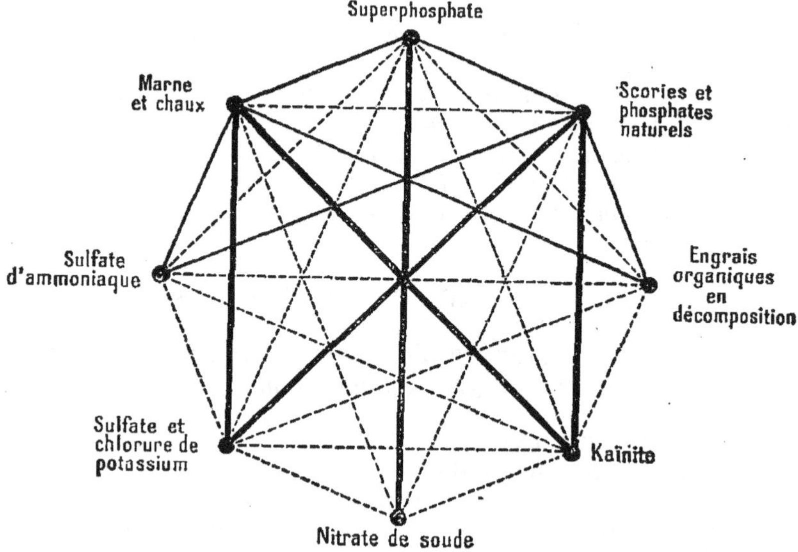

52. L'octogone de P. Larue.

Les traits interrompus ---- réunissent les engrais dont le mélange ne provoque aucune perte de matières fertilisantes ; il ne faut jamais mélanger ceux que réunit un trait ordinaire ——— ; enfin on peut mélanger, immédiatement avant leur emploi, ceux qui sont joints par un gros trait ▬▬ .

deux diamètres obliques et les deux cordes verticales de l'octogone, on aura indiqué les mélanges qui ne doivent être faits qu'au moment de leur emploi ; les quatre côtés et les deux plus grandes cordes de la moitié supérieure de l'octogone étant marqués par un trait fin —, on aura réuni deux à deux les engrais qui ne doivent jamais être mélangés ; enfin, si l'on joint, par un trait interrompu -----, chaque sommet à ceux auxquels il n'est pas encore accouplé, on aura marqué les mélanges ne présentant aucun inconvénient.

DEVOIRS ÉCRITS OU INTERROGATIONS

Que se passe-t-il et qu'observe-t-on quand on mélange du sulfate d'ammoniaque avec des scories de déphosphoration ? — du fumier demi-consommé et de la chaux vive ?

Construire l'octogone de P. Larue.

27. Engrais verts.

CHOSES VUES. — *Emploi des légumineuses comme engrais, mode opératoire; récolte des nodosités fixatrices de l'azote, leurs propriétés.*

OBSERVATIONS RÉSUMÉES ET CONCLUSIONS. — Les légumineuses prennent, dans l'air, la plus grande partie de l'azote qui leur sert de nourriture; en enfouissant, dans le sol, une récolte de trèfle, par exemple, on restituera d'abord à ce sol tout ce que le trèfle lui avait emprunté et on lui apportera en outre la totalité de l'azote fourni par l'air : il en résultera donc un gain de matières fertilisantes.

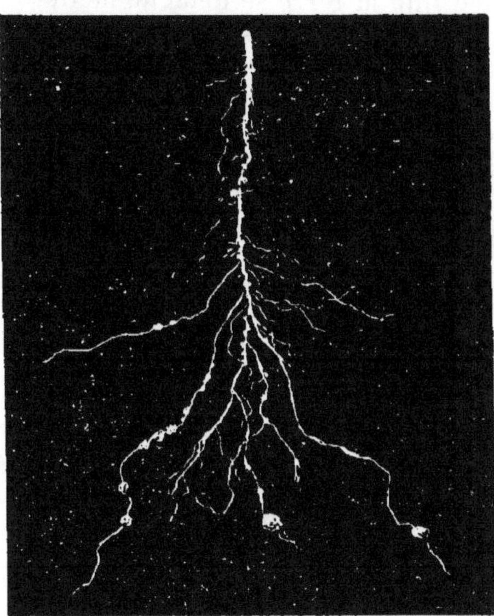

53. Nodosités fixatrices de l'azote. Racines de lupin.

Ce fait a été constaté depuis fort longtemps, et on le traduit en disant que les cultures de légumineuses sont *améliorantes*, par opposition aux autres cultures qui, appauvrissant le sol, sont dites *épuisantes*.

La pratique des *fumures en vert* consiste le plus ordinairement dans l'enfouissement, par un labour, de la dernière coupe d'un sainfoin, d'une luzerne, d'un trèfle, etc. Selon le climat, l'*engrais vert* se décompose plus ou moins rapidement et, comme conséquence, son effet peut se faire sentir surtout l'année qui suit ce genre de fumure.

Lorsqu'un terrain en pente, d'accès difficile, ne peut recevoir de fumier ordinaire, on a recours aux engrais verts pour le fertiliser; en outre des légumineuses fourragères, on peut employer aussi avec avantage le lupin, les pois, les gesses, etc.

L'emploi de quelques crucifères a été aussi recommandé, notamment en cultures dérobées ou en jachère; les légumineuses seules prennent, en dehors du sol, une partie de leur nourriture, seules donc elles pourront apporter, aux réserves de la terre arable, un supplément de matières nutritives. Cependant, des cultures de crucifères, dérobées ou en jachère, donnent des résultats avantageux en ce sens qu'elles ralentissent l'appauvrissement des terres, et voici comment : la nitrification rend solubles les matières organiques azotées, celles-ci peuvent alors être entraînées avec les eaux de drainage. Si une plante les assimile, l'entraînement est retardé jusqu'au moment où la putréfaction d'abord, la nitrification ensuite, les aura solubilisées à nouveau.

Les engrais verts maintiennent donc plus longtemps à la disposition des plantes cultivées l'azote apporté par les engrais, et en outre celui que les légumineuses empruntent à l'air.

Comment s'effectue cet emprunt?

Sur les racines des légumineuses apparaissent des sortes de verrues ou nodosités remplies de bactéries qui assimilent l'azote de l'air. Pour voir ces nodosités, il faut arracher les racines sans les briser; on y parvient en les enlevant, d'un coup de bêche, avec la motte de terre où elles se développent, et en laissant séjourner cette motte dans un seau d'eau jusqu'à ce que la terre se détache facilement. On voit alors les nodosités en abondance (53); si on en fait une petite récolte et si, après les avoir écrasées, on les enferme dans un tube de verre ou simplement un cornet de papier bien clos, on perçoit, au bout de quelques jours, l'odeur caractéristique du fromage avancé; il y a donc là une matière azotée qui fermente.

DEVOIRS ÉCRITS OU INTERROGATIONS

En quoi consistent les fumures en vert?

Pourquoi dit-on que les légumineuses sont améliorantes?

Comment s'y est-on pris pour vous montrer les nodosités fixatrices de l'azote? Constatations faites à ce sujet.

28. Balance entre la récolte et l'engrais.

Choses vues. — ***Évaluation des récoltes d'une petite exploitation agricole et des quantités de fumier répandues, pendant une année, ou pendant une rotation; comment peut s'établir le bilan chimique.***

Observations résumées et conclusions. — Pour *maintenir* la fertilité d'un sol, il faut lui restituer sinon chaque année, au moins après chaque rotation, la totalité des éléments fertilisants enlevés par les récoltes; mais cela ne suffirait pas pour *accroître* cette fertilité.

Si les céréales, les racines et les fourrages ont exporté par hectare, pendant un assolement quadriennal, par exemple, 500 kilos d'azote, 250 d'acide phosphorique et 750 de potasse, sans compter la chaux, il faudra d'abord, pour maintenir la fertilité de ce sol, lui rendre par hectare ces 1 500 kilos d'éléments fertilisants dans les proportions indiquées. Si l'on se bornait à un apport de 50 tonnes de fumier de ferme, on ne fournirait que le tiers de la fumure indispensable pour restituer toute la potasse et moins de la moitié des autres éléments.

Quelle que soit la quantité de fumier produite dans une exploitation agricole, elle sera toujours insuffisante pour une restitution complète.

L'apport du fumier commence la restitution, l'addition des engrais chimiques la complète : c'est cette addition qu'il importe de savoir calculer.

A cet effet, on établira, d'après la totalité des récoltes obtenues pendant la rotation complète, les quantités d'azote, d'acide phosphorique, de potasse et de chaux enlevées au sol sur un hectare; on en retranchera les quantités des mêmes éléments apportées pendant le même temps et sur un hectare par les engrais de la ferme : la différence indiquera ce que doivent apporter les engrais complémentaires dans les mêmes conditions de temps et de surface.

Le chiffre relatif à l'azote sera généralement trop élevé, car les légumineuses tirent de l'atmosphère la plus grande partie de l'azote qu'elles consomment; en outre, les résidus qu'elles laissent au sol constituent un appoint important de la fumure azotée.

En résumé, pour établir la balance, ou le bilan chimique, d'un assolement, on évalue d'abord les quantités de matières fertilisantes enlevées au sol par l'ensemble des récoltes pendant un assolement et pour un hectare; on en retranche les quantités des mêmes matières apportées par les engrais de la ferme, et on calcule ensuite les poids de nitrates ou de sels ammoniacaux, ceux de phosphates, de superphosphates ou de scories, enfin ceux de sels potassiques qui compléteront la différence, c'est-à-dire qui permettront de maintenir la fertilité des terres.

Pour l'accroître, on détermine l'élément qui manque le plus au sol, et l'on fait à celui-ci une forte avance de l'engrais commercial (autre que le nitrate) fournissant *l'élément qui est en plus petite quantité.*

DEVOIRS ÉCRITS OU INTERROGATIONS

Que faut-il pour maintenir la fertilité d'une terre? Que faut-il pour l'accroître ?

Comment établir le bilan chimique d'un assolement, c'est-à-dire la différence entre les éléments fertilisants exportés du sol par les récoltes et ceux importés par les engrais de toute nature?

***

Autres questions à résumer sur le même chapitre.

***Nature des fumiers** obtenus au village; **nature des litières** employées.*

***Le fumier des bergeries**; combien de temps reste-t-il sous les moutons; avantages ou inconvénients.*

***Engrais chimiques** utilisés au village et engrais perdus; leur nature, leur valeur.*

IV. — LE JARDIN

29. Cultures démonstratives.

Choses vues. — *Comment s'organisent, au jardin, les cultures démonstratives ; ce qu'elles démontrent.*

Observations résumées et conclusions. — La nécessité des engrais complémentaires du fumier, pour obtenir des récoltes rémunératrices, peut se mettre en évidence par des cultures démonstratives au jardin. Deux petites parcelles peuvent suffire (54); mais en ajou-

54. Augmentation de rendement due aux engrais complémentaires du fumier.
Les deux parcelles ont reçu la même dose de fumier; celle de droite a reçu en outre des engrais chimiques complémentaires.

55. Cultures démonstratives sur choux.

La terre destinée au remplissage des bacs a préalablement reçu une fumure d'acide phosphorique et de potasse. La dose de nitrate ajoutée en couverture est dans la proportion de 1, 2 et 3 pour les bacs 2, 3 et 4. Le nº 1 n'a pas eu de nitrate.

56. Cultures démonstratives sur pommes de terre, et leurs récoltes.
Mêmes engrais que pour l'expérience précédente (55).

tant des parcelles supplémentaires où l'engrais complémentaire du fumier manque soit d'azote, soit d'acide phosphorique, soit de potasse, on est renseigné, au moins pour le sol où l'on opère, sur la nature de l'élément fertilisant qui fait surtout défaut : c'est évidemment celui qui manquait à la moins bonne récolte. Par contre, l'élément qui n'a pas contribué à augmenter la récolte a entraîné une dépense inutile, parfois même nuisible si elle se traduit par une diminution de rendement (42).

Voici comment ces expériences ont été réalisées (Voir page xxx, livre du maître) :

Une planche du jardin a été choisie dans la partie la moins fumée pendant les années précédentes; elle a reçu du fumier demi-consommé à la dose de 10 tonnes à l'hectare, soit 1 kilogramme par mètre carré; puis elle a été soigneusement retournée à la bêche et divisée en quatre bandes égales, séparées par de petites allées de 30 à 40 centimètres de large. La première bande n'a reçu que la dose de fumier indiquée; en outre, on a répandu et mêlé au sol par binage, sur la dernière parcelle, 100 grammes par mètre carré d'un engrais complémentaire composé dans les proportions suivantes :

Sulfate ou chlorure de potassium (sel de Stassfurt)	1
Nitrate du Chili.	2
Superphosphate de chaux ou / Scories de déphosphorisation.	3

Aux deux autres bandes intermédiaires on a donné le même engrais complémentaire privé soit de potasse, soit de nitrate (*).

A la récolte, les rendements ont été comparés, par exemple, pour une culture de choux : les têtes avaient, en moyenne, un poids double dans la dernière parcelle que dans la première. En outre, la récolte de la parcelle où manquait le nitrate n'était guère supérieure à celle du fumier seul.

D'où cette conclusion : l'engrais complémentaire a doublé la récolte due au fumier seul; son élément le plus actif, en la circonstance, a été le nitrate. Dans une expérience du même genre, faite sur pommes de terre, l'engrais complémentaire manquant de potasse a donné la moindre récolte en tubercules; les fanes seules semblent avoir bénéficié du supplément en nitrate.

Une culture de carottes a donné des résultats analogues et a permis en outre de juger, pour les racines pivotantes en particulier, des bons effets d'un défoncement profond du sol. L'un des carrés, partagé en deux parties également fumées, fut défoncé, à la bêche, à une profondeur de 30 centimètres sur une moitié seulement. A l'autre moitié, on avait enlevé une épaisseur de 10 centimètres de terre qui

(*) Des expériences analogues peuvent être faites en caisses ou en bacs (55 et 56); elles entraînent des dépenses et ne sont pas plus probantes, mais elles se prêtent mieux à la photographie.

fut ensuite rapportée après avoir tassé et piétiné le dessous : les carottes de cette demi-parcelle s'étaient beaucoup moins bien développées qu'à côté; leur pivot était tordu (57), contrefait ou arrêté en

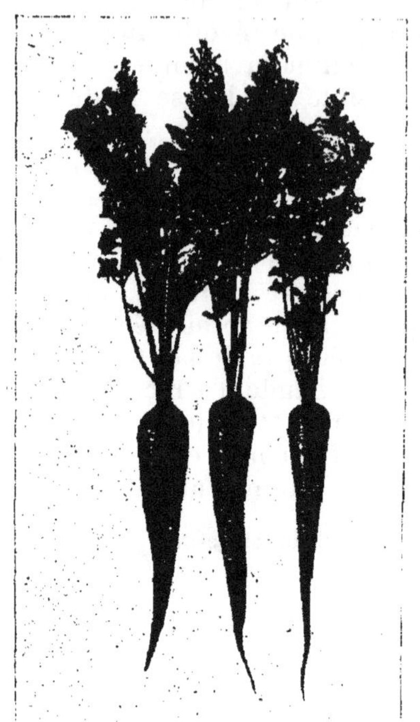

57. Effets d'un défoncement profond comparés à ceux d'un labour superficiel.

croissance; et cependant le sol et les engrais renfermaient les mêmes éléments nutritifs.

DEVOIRS ÉCRITS OU INTERROGATIONS

Décrire l'une des cultures démonstratives réalisées au jardin, en indiquer les résultats et en tirer les conclusions pratiques.

Résumer les conclusions déduites des diverses cultures démonstratives exécutées en pots, en caisses ou dans le jardin (Voir partie du maître, p. XXI).

30. Couches à primeurs.

Choses vues. — *Confection d'une couche de jardinier; action calorifique due à la fermentation du fumier, dégagement de gaz fertilisants.*

Observations résumées et conclusions. — On appelle *primeurs* les légumes ou les fruits récoltés les *premiers* et dont la maturité a été en quelque sorte forcée. Les primeurs sont vendues d'autant plus cher

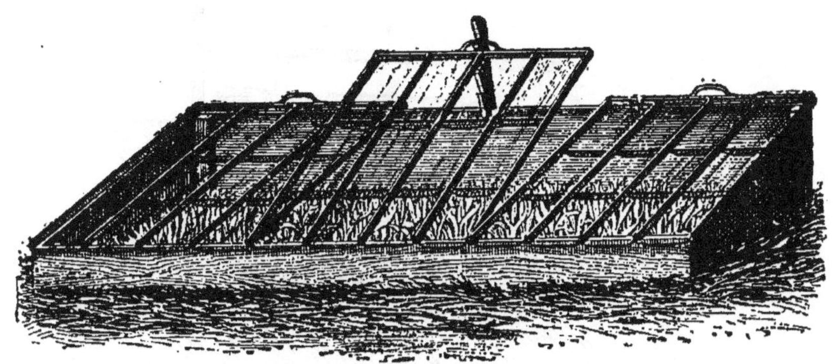

58. Couche à primeurs garnie de ses châssis.

qu'elles sont plus rares; aussi les maraîchers voisins des grandes villes sont-ils généralement outillés pour en produire.

C'est en élevant la température du milieu où se font les cultures qu'on obtient les primeurs. Dans le jardinage, deux moyens sont employés : ou bien on emmagasine la chaleur solaire sous des châssis vitrés (58) ou des cloches (59), ou bien on utilise une source de chaleur artificielle, soit en faisant passer de l'eau chaude dans des tuyaux que la terre végétale recouvre (thermosiphon), soit, plus simplement, en utilisant la chaleur produite, au fond d'une *couche de jardinier*, par la fermentation du fumier. Il s'agit seulement ici de ce dernier moyen.

59. Cloche maraîchère, avec crémaillère pour aération.

En terme de jardinage, on appelle *couche* un fossé plus ou moins long, suivant l'importance de la culture à faire, profond de 40 centimètres environ, et d'une largeur proportionnée aux dimensions des *châssis vitrés* dont on dispose pour la couvrir.

De solides poteaux — ou des pierres de taille — portant des rainures, enfoncés solidement aux angles et le long des plus grands côtés, reçoivent des planches destinées à maintenir les terres et à supporter les châssis.

La fosse est ensuite comblée de fumier frais, sortant de l'écurie, qu'on tasse en le piétinant, et qu'on recouvre ensuite du terreau extrait d'une ancienne couche (60). L'installation d'une couche se fait généralement au voisinage d'un mur formant abri.

Le fumier de cheval, choisi de préférence à cause de l'activité de sa fermentation, s'échauffe rapidement, surtout s'il est bien imprégné

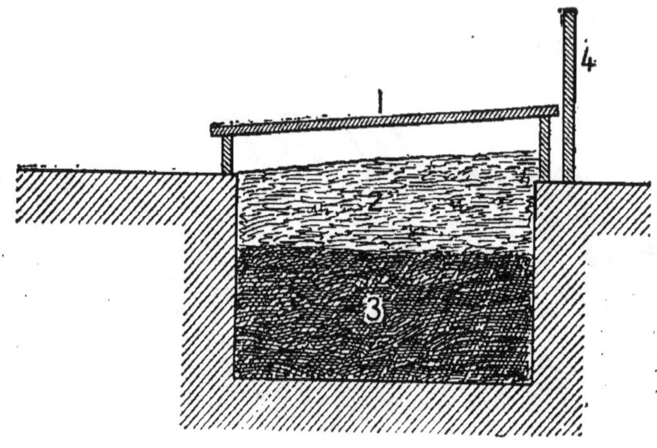

60. Coupe d'une couche de jardin.
1, Châssis vitré; 2, terreau ancien; 3, fumier chaud bien tassé; 4, abri.

d'urine; au bout d'une semaine, la température s'abaisse peu à peu, et lorsqu'elle est redescendue à 25 ou 30 degrés, on peut faire les semis; l'eau d'arrosage ne doit pas produire de refroidissement.

Les semis sur couche sont protégés des rigueurs de la température extérieure par des châssis vitrés, recouverts de paillassons pendant la nuit.

Toutes les conditions nécessaires à la germination sont donc remplies, à savoir le triple concours de la chaleur, de l'humidité et de l'oxygène de l'air. De plus, après la germination, les jeunes plantes trouvent à leur portée les aliments nécessaires à leur développement, notamment les matières azotées dégagées par la fermentation du fumier (43) et absorbées par le terreau.

DEVOIRS ÉCRITS OU INTERROGATIONS

Primeurs ; moyens employés pour en produire au jardin.

Couche de jardinier ; emplacement et confection.

Protection des semis sur couche; soins à leur donner : arrosages, aération, etc. Cultures sous cloche.

Expliquer pourquoi les récoltes sont plus précoces sur couches que sur le sol ordinaire du jardin.

31. Menues façons du sol.

Choses vues. — ***En quoi consiste le sarclage et le binage; justifier le dicton : un binage vaut un arrosage. Buttage.***

Observations résumées et conclusions. — Les labours, hersages, roulages sont des façons du sol qui s'exécutent au moyen d'instruments traînés par des animaux domestiques ; les menues façons telles que le *sarclage*, le *binage*, le *buttage*, qui sont le plus souvent exécutées mécaniquement dans les cultures en lignes d'une exploitation, se font encore à la main s'il s'agit de petites étendues, comme en horticulture.

Le ***sarclage,*** qui s'exécute parfois par le binage, consiste simplement dans l'arrachage des mauvaises herbes. Celles-ci se nourrissent au détriment des plantes cultivées parmi lesquelles elles croissent; il faut donc les extirper avant leur développement, comme parasites d'abord, mais aussi parce que l'arrachage des racines enchevêtrées dans celles des végétaux à récolter pourrait être funeste à ces derniers; en aucun cas on ne doit laisser mûrir la graine des plantes adventices.

Le ***binage*** a principalement pour but d'entretenir la partie superficielle du sol en bon état d'ameublissement, ce qui s'oppose à l'évaporation de l'eau contenue dans les couches inférieures. La terre arable renferme, jusqu'à une grande profondeur, une quantité d'eau dépassant parfois 100 litres par mètre cube de terre. Cette eau monte par capillarité jusqu'à la surface du sol où se produit l'évaporation dans l'atmosphère; si on l'empêche d'arriver jusque-là, l'évaporation se trouvera réduite à celle dont les végétaux, surtout leurs feuilles, sont le siège.

61. Un binage vaut un arrosage.

Le liquide, monté par capillarité dans le morceau de sucre, ne traverse pas la même substance en poudre.

Or la pulvérisation d'une terre détruit ses propriétés capillaires, c'est-à-dire que, si l'on recouvre une terre compacte de sa propre poussière, on lui maintient son degré d'humidité; un dicton très ancien exprime ainsi ce fait : *un binage vaut un arrosage.*

On peut montrer expérimentalement qu'une substance poreuse capable d'absorber un liquide par capillarité perd ses propriétés absorbantes si on la pulvérise. A cet effet, on place debout, dans une soucoupe, un morceau de sucre scié et l'on couvre sa face supérieure de poudre du même sucre *parfaitement porphyrisé* (61).

La poudre de sucre en grains cristallins garde ses propriétés capillaires: elle ne conviendrait donc pas pour cette expérience, à moins de la pulvériser très finement, de la porphyriser dans un mortier, ou simplement par friction de la tête d'un marteau sur un pavé uni.

Si l'on verse ensuite un liquide coloré dans la soucoupe, un peu de vin rouge, par exemple, on le voit monter rapidement dans tout le morceau de sucre; mais il s'arrête net à la poudre, qu'il ne traverse pas.

On admet que la terre pulvérisée par le binage se comporte comme la poudre de sucre; ne se laissant pas pénétrer par l'humidité contenue dans les couches inférieures, elle maintient celles-ci à l'abri de l'évaporation, ce qui assure la réserve d'eau indispensable aux racines.

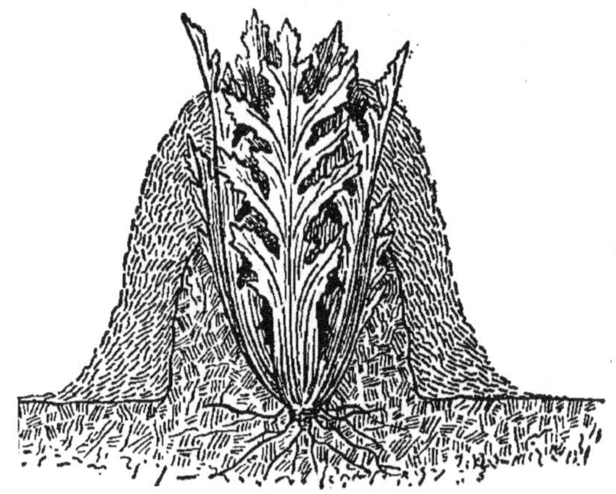

62. Buttage protecteur contre la gelée.

Le pied d'artichaut est d'abord enveloppé d'un couche de paille menue ou de feuilles bien sèches ; le tout est ensuite recouvert par la butte de terre.

Le *buttage* consiste à élever une petite *butte* de terre au pied d'une plante soit pour assurer un espace plus grand au développement de ses racines ou de ses *tiges souterraines*, comme dans la culture du maïs, des pommes de terre (89), des asperges, soit pour préserver des grands froids certains végétaux qui doivent, comme les artichauts (62) par exemple, passer l'hiver en pleine terre.

Les menues façons du sol en assurent le nettoyage; elles sont un des meilleurs moyens de détruire les mauvaises herbes.

DEVOIRS ÉCRITS OU INTERROGATIONS

Qu'appelle-t-on menues façons du sol; en quoi consistent-elles, et quel en est le but principal?

Quand et pourquoi faut-il détruire les mauvaises herbes? Précautions à prendre.

Expliquer le dicton : un binage vaut un arrosage; décrire une expérience prouvant que la pulvérisation d'une substance poreuse détruit ses propriétés capillaires.

Définir le buttage; quand et comment le pratique-t-on?

32. Arbres fruitiers.

Choses vues. — *Constitution d'une petite pépinière; comment on plante un arbre.*

Observations résumées et conclusions. — La médecine et l'hygiène ont toujours recommandé l'usage des fruits; cependant nombre de jardins en produisent peu, ou de médiocres. Sans autre dépense qu'un peu de soins, on en obtient souvent d'excellents.

La place occupée par un arbre étant la même, qu'il soit de bonne ou de mauvaise espèce, on devrait, avant toute plantation, arrêter son choix uniquement sur les variétés recommandables par les qualités de leurs fruits.

63. Stratification des graines.

Disposition en couches, ou *strates*, séparées par de la terre ou du sable maintenu humide, de manière à préparer et à favoriser la germination.

Une *pépinière* de quelques mètres carrés suffit aux besoins des plantations d'un particulier. Après stratification (63) des graines (*pépins* ou *noyaux*), les semis sont répartis, dans le sol bien préparé de la pépinière, selon la taille des arbres à obtenir : d'un côté, les pépins de doucins, de paradis, de cognassiers et les noyaux provenant de cerisiers ou pruniers nains; de l'autre, les pépins de poires, de pommes, les noyaux de prunes, d'abricots ou de pêches venus d'arbres plus élevés.

Les plants obtenus sont mis en place lorsqu'ils ont atteint un développement suffisant, soit avant, soit après greffage en bonnes variétés.

La plantation d'un arbre fruitier à l'endroit qu'il occupera définitivement réclame des soins particuliers trop généralement méconnus; qu'il s'agisse d'un espalier dont les branches seront, par la suite, étalées en palmette contre un mur, ou d'un arbre en plein vent, le sol doit présenter les qualités physiques et la composition chimique nécessaires à une végétation florissante. Il convient en outre de défoncer complètement ce sol sur un volume d'un mètre cube environ pour tout arbre qui atteindra plusieurs mètres de hauteur; la perméabilité du fond sera, au besoin, assurée par un drainage.

Le mieux est de creuser une fosse cubique d'un mètre de côté, et de la remplir en procédant de la manière suivante (64) :

On garnit le fond d'une couche de bonne terre franche à laquelle on a mélangé intimement des engrais à décomposition lente : débris de cuir, d'os, de corne, de laine, de poils. Sur cette couche arrondie en dôme, on place l'étage inférieur des racines du sujet après en avoir *rafraîchi* les extrémités par une section bien nette à la serpette.

Avant d'achever le remplissage avec la terre franche, on mélange à celle-ci un kilogramme ou deux de phosphate naturel finement moulu dont l'excès ne saurait être nuisible. Si la terre employée était pauvre en calcaire, il y faudrait ajouter des platras de démolition préalablement pulvérisés, ou de la terre de route à empierrement calcaire. L'expérience a prouvé que les pruniers, les abricotiers et surtout les pêchers ne restent pas longtemps vigoureux dans un sol dépourvu de calcaire : ils se couvrent de gomme, leurs fruits se tachent et mûrissent mal, bientôt l'arbre languit, se dessèche et meurt.

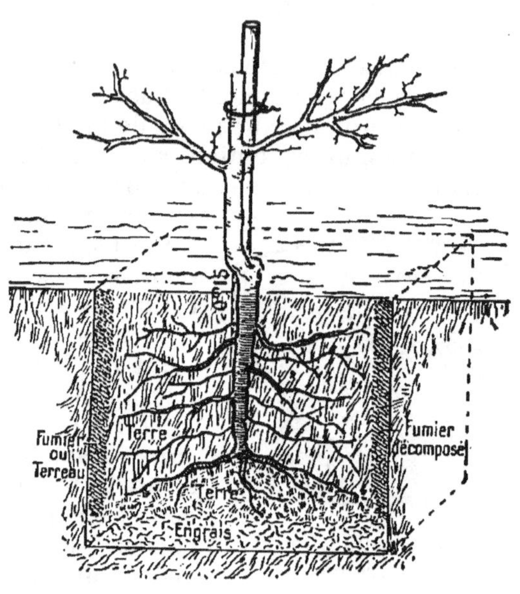

64. Mise en place d'un arbre fruitier.

Pour achever le remplissage de la fosse (64) où l'arbre est planté, les jardiniers soigneux maintiennent, contre les parois, une couche de terreau ou de fumier bien consommé. L'opération se termine par un arrosage copieux, mais non brutal ; la terre se tasse doucement, puis on comble le vide en nivelant avec la même terre sèche et, cette fois, *sans arroser, ni piétiner* (61).

La provision d'engrais apportée autour des racines de l'arbre planté ne suffira pas pour toute son existence ; la *loi de restitution* s'applique ici comme en toute culture : on devra donc, chaque année, restituer au sol, sous forme d'engrais chimiques, par exemple, la totalité des éléments nutritifs (azote, acide phosphorique, potasse et chaux) emportés par les feuilles et les fruits.

DEVOIRS ÉCRITS OU INTERROGATIONS

Qu'est-ce qu'une pépinière ? Comment on en peut créer une petite dans son jardin.

Vous avez planté ou vu planter un arbre fruitier : résumez les phases de l'opération.

Doit-on donner des engrais aux arbres fruitiers ? Lesquels, comment et pourquoi ?

33. Greffage.

Choses vues. — ***Exécution d'une greffe en écusson, conditions de réussite; indication de quelques autres genres de greffes.***

Observations résumées et conclusions. — Les bonnes espèces d'arbres fruitiers ne s'obtiennent pas de semis : des pépins bien mûrs, provenant d'une pomme ou d'une poire d'excellente qualité, donnent naissance à des arbres dont les fruits sont généralement peu appréciés.

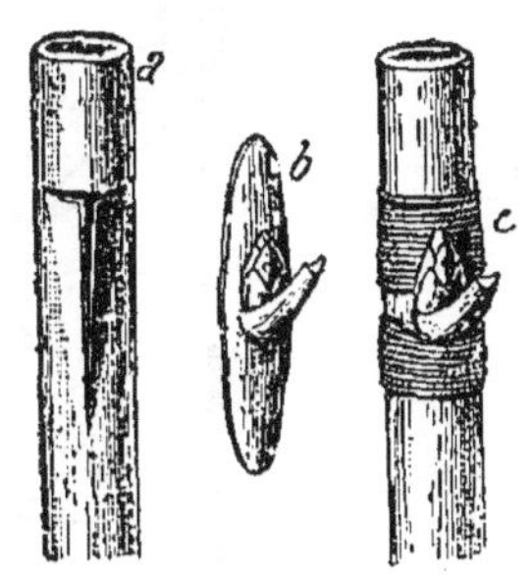

65. Grelfe en écusson.

a, sujet préparé ; *b*, œil figurant un écusson ; *c*, la greffe ligaturée.

Pour multiplier les bonnes espèces, on a recours au *greffage*, opération qui consiste à porter, sur un végétal appelé *sujet*, une portion vivante d'un autre végétal nommé *greffon*. Le résultat de cette opération, c'est-à-dire la *greffe*, est une soudure d'une portion détachée d'un végétal sur un autre servant de support.

Selon que le greffon est un rameau ou un bourgeon, la greffe est dite *par rameau* ou *par œil*. Dans ce dernier cas, on dit aussi *greffe en écusson* à cause de la forme héraldique du lambeau d'écorce qui accompagne le bourgeon ou œil (65 *b*) : c'est la plus souvent employée pour les jeunes arbres fruitiers, les rosiers, etc. Voici en quoi elle consiste :

Après avoir choisi le rameau sur lequel on *lèvera* l'écusson, on pratique une incision tout autour d'un œil bien formé et on le détache, soit d'un coup de *greffoir*, soit avec un crin ou un fil de soie passé entre l'écorce et l'aubier (66). Dans les deux cas, le greffon est levé avec un peu d'aubier dont on ne laisse que la partie couvrant la base de l'œil.

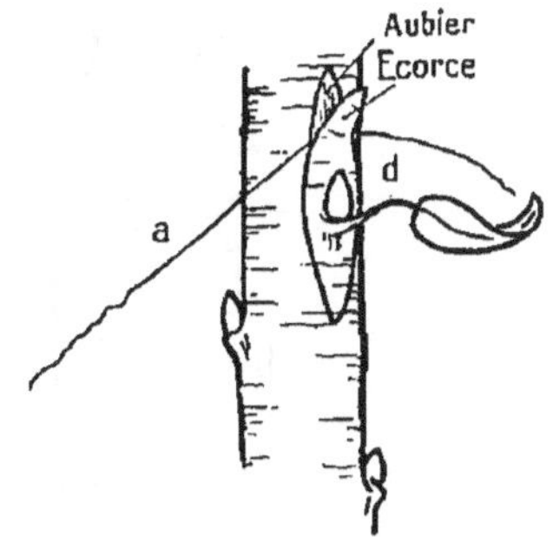

66. Manière de lever l'écusson.

d, œil bien formé, incisé tout autour ; *a*, crin passant entre l'aubier et l'écorce, et détachant l'écusson.

Une incision en forme de T (65 *a*) est faite sur le sujet; puis, après avoir soulevé l'écorce avec la spatule du greffoir, on glisse, en dessous, le greffon préparé. Cette phase de l'opération doit être vivement exécutée, de façon à empêcher l'action de l'air sur les tissus internes, et en appuyant suffisamment pour assurer le contact, sur la plus grande surface possible, des couches génératrices du sujet et du greffon : ces deux conditions sont nécessaires pour la réussite de la greffe; mais ici encore la pratique en enseigne plus que la théorie.

Pour terminer la greffe en écusson, il reste à ligaturer la plaie (65 *c*) avec un fil de laine, du raphia ou du jonc, qu'on détache un peu plus tard, quand la suture est assurée.

La *greffe par rameaux* s'exécute de diverses manières ; voici les principales :

Lorsque le sujet et le greffon sont de même diamètre, on greffe *à*

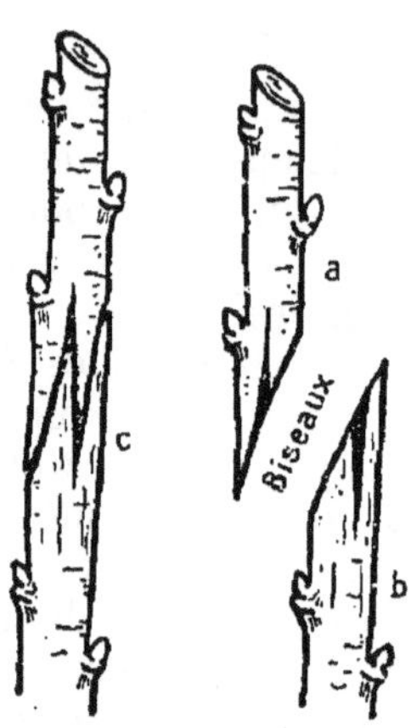

67. Greffe en fente, anglaise.

a, le greffon de même diamètre que le sujet *b*, tous deux taillés en biseau et fendus ; *c*, pénétration, l'un dans l'autre, des deux biseaux.

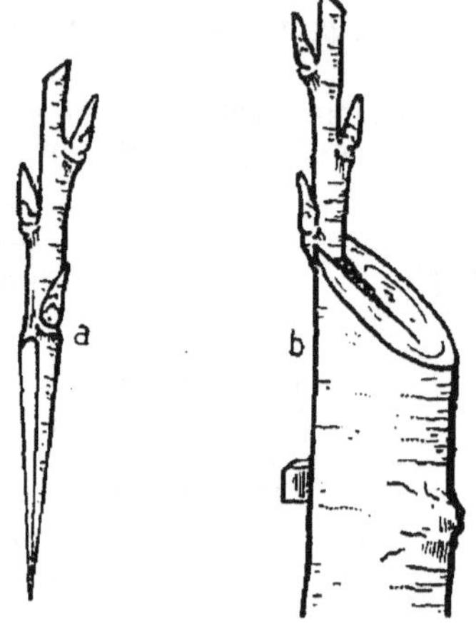

68. Greffe en fente, moderne.

a, greffon taillé en biseau ; *b*, introduction du greffon dans la fente du sujet maintenue ouverte par un coin de bois.

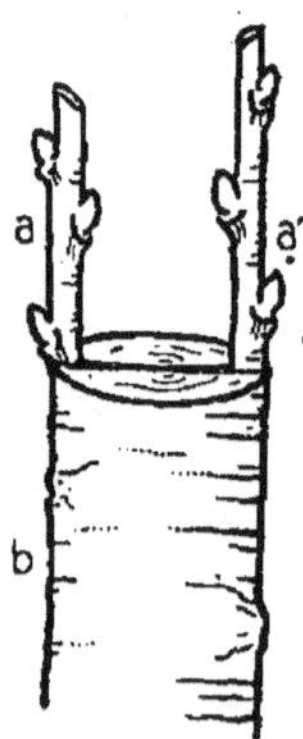

69. Greffe en fente, ancienne.

a et *a'*, deux greffons diamétralement opposés ; *b*, le sujet fendu par le milieu sur une coupe horizontale.

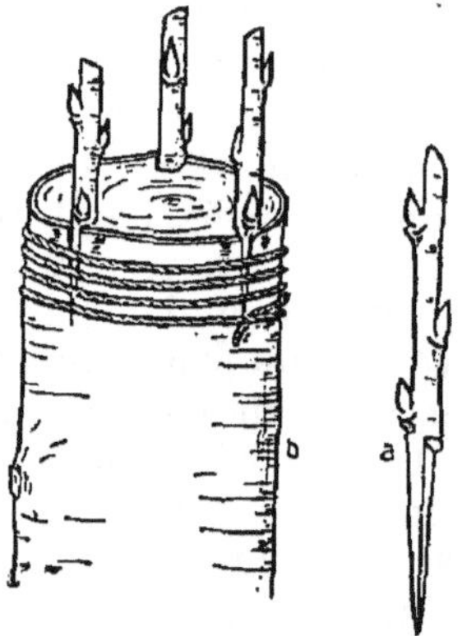

70. Greffe en couronne.

a, greffon préparé ; *b*, le sujet ligaturé portant trois greffons.

l'anglaise en coupant les deux tiges suivant un biais de même inclinaison, mais en sens contraire pour chacune (67 *a* et *b*) ; on fend ensuite chaque biseau presque parallèlement aux fibres du bois, puis on les fait entrer l'une dans l'autre (67 *c*). On ligature ensuite comme précédemment. Ce mode de greffage s'applique surtout à la vigne (80).

Quand le diamètre du sujet est supérieur à celui du greffon, on pratique la *greffe en fente* ou *en couronne*. Dans le premier cas, le sujet porte une seule incision recevant un seul greffon (68) ou deux, si la fente est pratiquée suivant un diamètre (69) ; dans le second cas, trois incisions, ou davantage, reçoivent chacune un greffon (70).

Le greffon à insérer est taillé préalablement en biseau à sa partie inférieure ; sa couche génératrice doit coïncider exactement avec celle du sujet. On recouvre ordinairement les plaies d'un mastic les mettant à l'abri du contact de l'air et de la pluie.

DEVOIRS ÉCRITS OU INTERROGATIONS

Définition de la greffe ; conditions nécessaires à sa réussite.

Exécution d'une greffe en écusson ; décrire l'opération qu'on a faite ou vu faire.

Greffe par rameaux ; indiquer succinctement les principales, en rappelant les précautions prises pour en assurer le succès.

34. Ennemis et amis du jardin.

CHOSES VUES. — ***Moyens préventifs les plus employés contre les ravages des insectes et des parasites sur les végétaux du jardin autres que la vigne.***

OBSERVATIONS RÉSUMÉES ET CONCLUSIONS. — Nos plus grands ennemis sont souvent, dit-on, les plus petits. Tandis qu'on peut combattre, par le *hannetonnage*, et avec chances de succès, une invasion de hannetons, qu'on peut capturer ou empoisonner les mulots ou les loirs, et empêcher ainsi que les feuilles ou les fruits des arbres du jardin soient dévorés, il est bien difficile de lutter contre des ennemis à peine visibles, davantage encore s'ils sont infiniment petits.

Les traitements appliqués dans les jardins, à la préservation des végétaux, contre les fléaux parasitaires qui les envahissent trop souvent, consistent ordinairement dans l'emploi d'*eau bouillante*, de *lait de chaux*, de *soufre en fleur*, de solutions de *sulfate de fer* (vitriol vert), de *sulfate de cuivre* (vitriol bleu), de produits insecticides ou antiseptiques tels que le *phénol*, la *nicotine*, le *lysol*, etc.

Les insectes qu'il s'agit de détruire déposent le plus souvent leurs œufs dans les crevasses de l'écorce des arbres ; un des moyens d'empêcher l'éclosion de cette future progéniture consiste à frotter énergiquement, au moyen d'une brosse en fils d'acier, tout endroit du tronc, des branches, des tuteurs et de leurs liens, susceptible d'abriter la vermine ; une seconde friction à l'eau chaude complète la première : elle est suivie immédiatement d'une ablution à l'eau bouillante. Enfin, pendant que l'écorce est encore humide, on termine par un badigeonnage complet au lait de chaux ou mieux d'un lait de chaux additionné de soufre en fleur qu'on a fait bouillir une demi-heure. Le mur contre lequel les espaliers sont palissés doit recevoir, lui aussi, un copieux badigeon de lait de chaux.

Ce traitement par l'eau bouillante et par le lait de chaux récemment préparé, avec ou sans addition de soufre, *doit avoir lieu avant* le réveil de la végétation.

Le sulfate de fer en solution étendue (2 ou 3 grammes par litre d'eau) est employé contre la *chlorose* ou couleur jaune des feuilles,

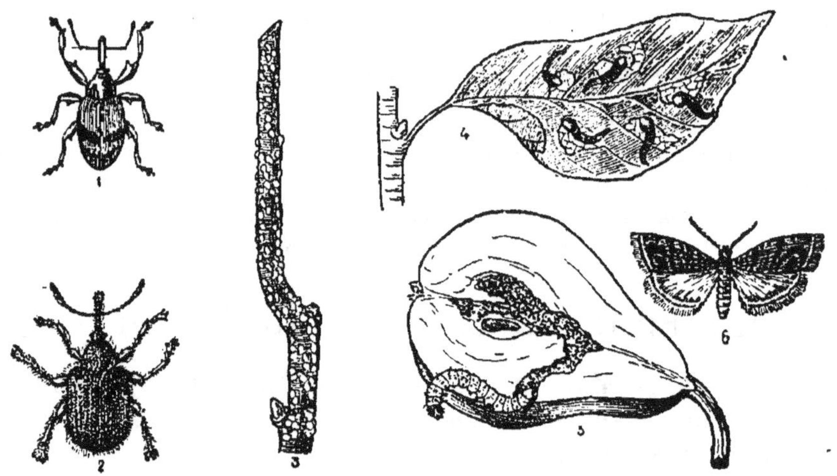

71. Insectes nuisibles aux poiriers et aux pommiers.

1, *Anthonome* (longueur, 1/2 centimètre), s'attaque à la fleur du pommier; 2, *Rynchite* (long., 1 cm.), attaque les jeunes pousses de poiriers et pommiers; 3, *Kermès,* s'attache aux tiges de divers arbres fruitiers; 4, *Tenthrède-limace,* mange le parenchyme des feuilles; 5, *Pyrale* dévorant un fruit; 6, Papillon de la pyrale.

soit en aspersion, soit en arrosage; dans le dernier cas, l'action est peu sensible si le sol est pauvre en calcaire.

Le sulfate de cuivre, employé surtout contre la maladie parasitaire connue sous le nomde « mildew », produit une action du même genre sur les feuilles de tomates et les fanes de pommes de terre atteintes de maladie (83).

On a remarqué l'aversion des escargots et des limaces pour les sels de cuivre; l'observation peut être mise à profit dans le but de protéger certaines récoltes, les fraises, par exemple, contre ces ravageurs: on les éloigne en répandant, tout autour de la planche de fraises, de la paille hachée préalablement trempée dans une dissolution à 5 pour 100 de sulfate de cuivre.

Pour arrêter le développement des colonies de pucerons, kermès, tenthrèdes, tigres, anthonomes, pyrales (71), etc., des pommiers, poiriers et autres arbres fruitiers, on ne connait aucun moyen réellement efficace, la destruction sur un point n'empêchant pas les dégâts causés par des essaims d'insectes nuisibles semblables aux premiers détruits et venant du voisinage.

Les dissolutions de savon mou, le jus de tabac, le lysol et autres insecticides plus ou moins réputés ne sont pas sans effet, mais aucun ne donne un résultat parfait.

Pour détruire les pucerons d'un rosier, par exemple, le procédé le plus simple, en même temps que le plus efficace, consiste dans l'écra-

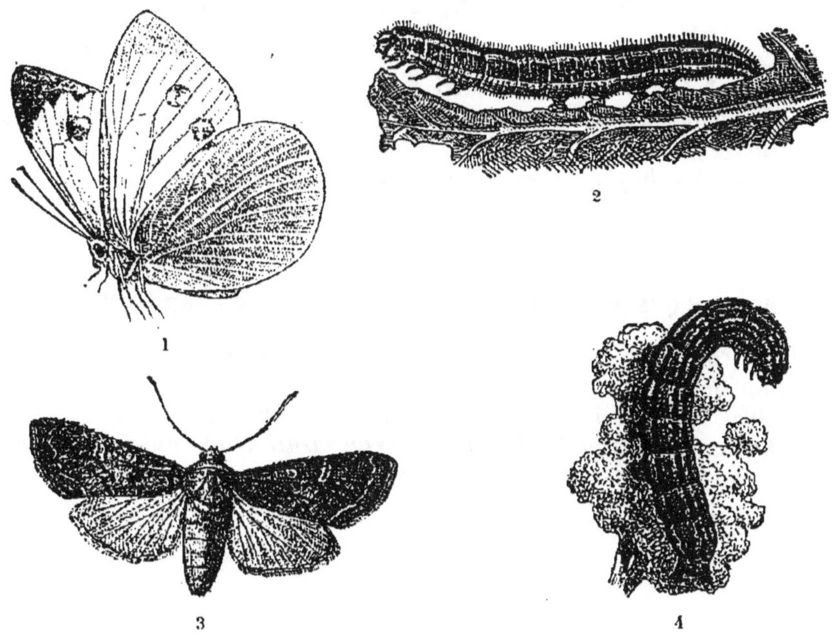

72. Chenilles du chou.

Deux des plus malfaisantes : 1 la *piéride*, 2, sa larve sur un reste de feuille; 3, une *noctuelle*, 4, sa larve sur un chou-fleur.

sement des insectes par pression des doigts sur les rameaux où ils sont rassemblés.

Avec deux spatules de bois, on peut débarrasser assez rapidement un carré de choux des chenilles qui les dévorent; mais, en la circonstance, une poule et ses poussins s'en tireraient mieux et plus vite qu'un jardinier.

Les travailleurs de la terre oublient trop que leurs meilleurs auxiliaires, contre les insectes nuisibles, sont les petits oiseaux; non seulement il ne faut pas les détruire, mais l'intérêt de tous exige qu'on protège leurs nids et leurs couvées. Qui se doute, à la campagne, qu'une seule nichée de mésanges consomme, en une saison, quarante à cinquante milliers de chenilles? qu'un couple de chouettes dévore, ou apporte à ses petits, une centaine de souris ou de mulots en une semaine ? qu'une famille d'étourneaux peut consommer, par jour, quatre ou cinq cents limaces, chenilles ou sauterelles ?

Et de nos jours encore, dans certains villages, on déniche de pauvres petits oiseaux pesant quelques grammes chacun pour en faire un plat, et on crucifie des chouettes sur la porte des granges (44) ! Détruire sottement de charmants auxiliaires qui contribuent, sans rien coûter, à diminuer, dans une proportion inconnue, des pertes incalculables, c'est un acte de barbarie méritant la réprobation universelle.

DEVOIRS ÉCRITS OU INTERROGATIONS

Où sont cachés, pendant l'hiver, les œufs des insectes nuisibles aux arbres fruitiers ? Moyens de les détruire.

Principales substances employées contre les ennemis des productions fruitières ; modes d'emploi.

Les amis du jardinier ; services rendus par les oiseaux.

* * *

AUTRES QUESTIONS, à résumer, sur le même chapitre :

Décrire les arbustes et les arbres fruitiers *du jardin de l'école ou de la famille.*

Quels légumes *y récolte-t-on, et dans quelles conditions ?*

Racines, tiges et feuilles *récoltées au jardin et servant à l'alimentation.*

Description des fleurs et des plantes d'ornement *du jardin ; de quels soins sont-elles l'objet ?*

V. — CULTURES RÉGIONALES

Quelques sujets peuvent être proposés au certificat d'études sur les *cultures spéciales à la région* où se passe l'examen : ici, les céréales; ailleurs, la vigne, etc.; à la condition de ne pas sortir des limites imposées par la réglementation officielle.

35. Semences et semailles.

Choses vues. — ***Choix et préparation des graines pour semences de céréales; essai de la valeur germinative des autres semences. Comment se font les semailles.***

Observations résumées et conclusions. — Depuis le commencement du xxe siècle la France récolte à peu près la quantité de blé consommée par ses habitants; avant cette époque elle était en partie tributaire de l'étranger pour compléter sa ration annuelle de pain. Le progrès accompli est dû aux perfectionnements apportés dans la culture du froment, et des céréales en général, sans augmentation des surfaces emblavées.

L'emploi d'engrais mieux appropriés est un des facteurs de l'augmentation des rendements; la qualité des semences en est un autre.

La sélection des graines pour semence est préconisée par tous les agronomes; en choisissant les plus beaux épis d'un champ, et en criblant les grains de façon à n'employer que les plus gros comme semence, on a obtenu, dans des conditions identiques de sol et de culture, des excédents de récolte dépassant souvent 25 pour 100.

On peut facilement se rendre compte de ce fait par une expérience de culture sur avoine. On jette dans un vase plein d'eau une poignée d'avoine : les grains lourds tombent au fond, les autres surnagent. On en pèse un même poids des uns et des autres et on les sème sur deux parties égales d'un carré de terre uniformément fumé; la récolte de chaque partie est pesée séparément, paille et grain : il n'est pas rare de trouver l'une deux fois plus lourde que l'autre.

La conclusion de cette expérience, c'est *qu'il ne faut jamais employer que des semences de choix;* une graine légère, petite, ridée, imparfaite, ne peut donner qu'une plante rabougrie ou rachitique.

Le triage des graines de céréales se fait mécaniquement au moyen d'un instrument appelé *trieur.* C'est une sorte de cylindre métallique divisé en plusieurs sections perforées chacune d'orifices de même grandeur, mais différents d'une section à l'autre; le grain passe successivement sur chaque section, entraîné par le mouvement rotatif du trieur; et les graines, comme les impuretés, forment des lots distincts de même forme ou de même grosseur : les graines rondes ordinairement les plus petites passent d'abord, puis le petit froment avec le seigle, s'il y en a; le blé moyen passe ensuite, puis le plus gros; viennent enfin les graines les plus longues et les déchets (73). Certains trieurs perfectionnés sont munis d'un ventilateur à turbine qui débarrasse les semences de toutes les impuretés légères (gousses, balles, etc.).

Il ne suffit pas, pour avoir une bonne semence, de choisir les plus beaux grains ; ceux-ci peuvent apporter avec eux les germes de maladies parasitaires telles que le *charbon*, la *carie*, s'ils ont été en contact avec des graines charbonnées ou cariées. Le *chaulage* ou le *sulfatage* préservera la récolte future de la contamination provenant des semences. La première opération consiste dans l'arrosage, par un lait

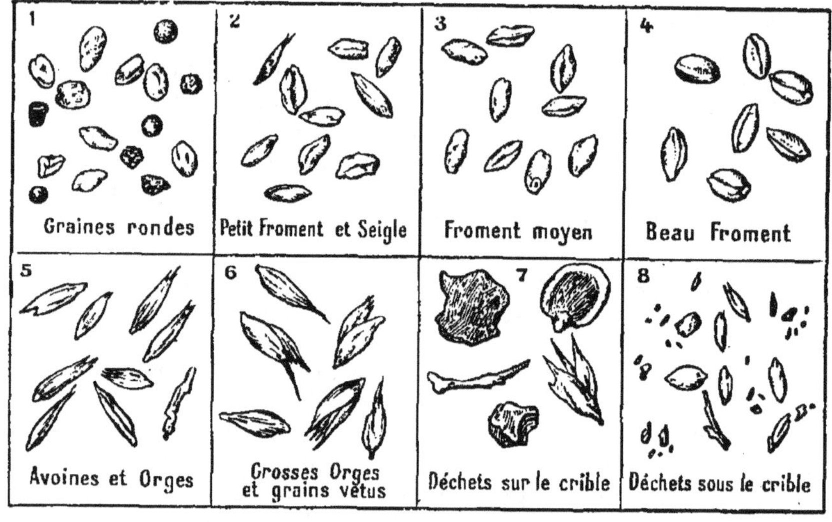

73. Résultats du triage du blé.

Toutes les impuretés et les diverses catégories de graines forment des lots distincts.

de chaux, du tas de semence, qu'on remue ensuite de façon à imprégner tous les grains. Dans le sulfatage ou vitriolage, plus communément pratiqué, le lait de chaux est remplacé par une dissolution de sulfate de cuivre (vitriol bleu) à 1 ou 2 pour 100.

On juge facilement, à l'œil nu, de la valeur d'une semence de céréales; mais s'il s'agit de graines plus petites, de celles qui doivent ensemencer les prairies naturelles ou artificielles, l'emploi du microscope ou d'une loupe devient nécessaire, par exemple, pour constater la présence ou l'absence de la cuscute dans la graine de trèfle, de luzerne, etc. La station d'essais des semences de l'Institut agronomique, à Paris, procède à cette vérification pour le compte des particuliers et des syndicats d'agriculteurs.

Mais un essai de semences à la portée de tout cultivateur est celui qui permet d'en déterminer la *faculté germinative*. Il consiste à placer un nombre déterminé de graines dans les conditions nécessaires à leur germination, et à compter le nombre de celles qui ont germé.

A cet effet, une couche de sable remplissant le fond d'une assiette est recouverte d'un disque en papier buvard sur lequel on place les graines; de l'eau est versée dans l'assiette de façon que le papier reste imbibé, et on entretient son humidité jusqu'à la fin de la germination, dans un milieu où la température se maintient entre 15 et 20 degrés.

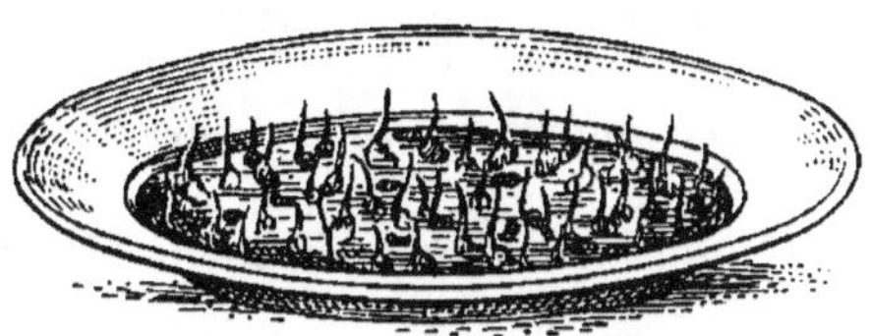

74. Faculté germinative des graines. Moyen de la déterminer.

Quand on constate qu'aucune graine ne lève plus (74), on compte celles qui ont germé : s'il y en a 40 sur 50, la faculté germinative de la semence essayée est estimée 80 pour 100. Le poids à employer de cette semence sera augmenté en conséquence, soit de

$$\frac{20 \times 100}{80} = 25 \text{ pour } 100.$$

La plupart des semailles se font encore *à la volée*, procédé qui ne manque pas de poésie, si l'on en juge par le geste de *la Semeuse* des pièces divisionnaires en argent et des timbres-poste, mais qui, en pratique, présente de nombreux inconvénients : la répartition uniforme de la graine n'est pas assurée, puisqu'elle dépend de la régularité des mouvements et des habitudes du semeur; en outre les grains sont inégalement enterrés. Ceux qui restent à la surface se dessèchent ou sont mangés par les oiseaux; ceux qui se trouvent trop profondément enfouis ne lèvent pas (75) : une partie de la semence est donc dépensée en pure perte.

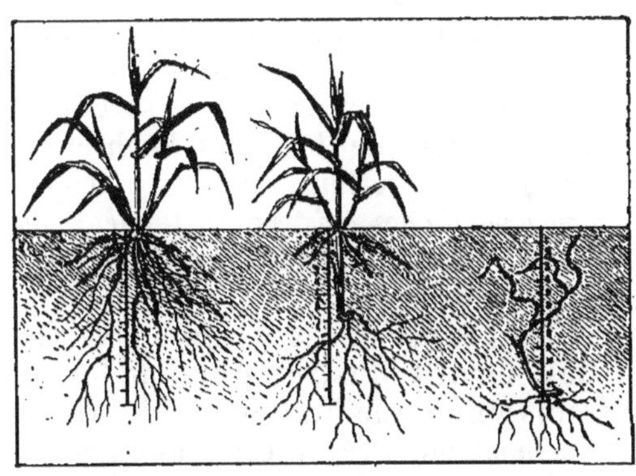

75. Influence de la profondeur des semis.
Trop enfoncées, les graines germent mal, pourrissent ou ne germent pas.

L'emploi du semoir mécanique est un grand progrès : il économise un tiers de la semence, et celle-ci est enterrée à la profondeur voulue pour chaque espèce de graine ; elle est en outre répandue régulièrement en ligne, ce qui, pour bien des cultures, favorise les binages, sarclages et autres menues façons du sol.

L'expérience prouve que la dépense entraînée par l'acquisition d'un bon semoir est couverte *dès la première année* si l'instrument est employé sur une superficie totale d'une vingtaine d'hectares.

DEVOIRS ÉCRITS OU INTERROGATIONS

Comment se fait la sélection des semences? Ses avantages; décrire une expérience qui les met en évidence.

Chaulage et sulfatage des semences; en quoi consiste ce genre d'opérations et quel en est le but?

Faculté germinative des graines; indiquer un moyen simple de la déterminer.

Comment se font les semailles? Inconvénients des semis à la volée; avantages du semoir mécanique.

36. La moisson.

CHOSES VUES. — ***A quoi l'on reconnaît qu'un blé est bon à moissonner. Moissonnage à bras et aux machines. Conservation des récoltes.***

OBSERVATIONS RÉSUMÉES ET CONCLUSIONS. — La moisson est l'ensemble des travaux ayant pour objet la récolte des céréales; elle comprend le moissonnage proprement dit, à la main ou à la machine, le séchage, le liage, la rentrée et l'entassement des gerbes.

Une expérience séculaire a prouvé qu'il est avantageux de moissonner le blé un peu avant sa complète maturité; *l'époque la plus favorable,* ainsi que le disait Mathieu de Dombasle, *est celle où la paille a presque complètement perdu sa teinte verdâtre, et où les grains de la majeure partie des épis ne se laissent plus écraser en les pressant entre les doigts, mais où l'ongle s'imprime encore dans la substance du grain comme dans de la cire.*

Des expériences précises plus récentes ont confirmé les recommandations de l'illustre agronome lorrain, en démontrant que du froment moissonné une huitaine de jours avant sa maturité complète, et mis en *moyettes,* présente les mêmes qualités que si l'on avait attendu cette maturité complète pour le couper.

Moissonné alors que le grain est encore laiteux, le blé, même mis en moyettes, donne un rendement inférieur et un grain de médiocre valeur.

Quand la récolte est complètement mûre, ce qui se reconnaît pour le blé à ce que les épis se recourbent en faisant le crochet, pour l'avoine à ce que la panicule s'incline sous le poids des grains, la perte par égrenage peut devenir considérable; et ce sont précisément les plus beaux épis qui cassent ou perdent leurs meilleurs grains par le battage inévitable résultant du moissonnage ou du fauchage. Ce battage léger étant insuffisant pour détacher les graines d'une céréale imparfaitement mûre, on s'explique pourquoi il est préférable d'avancer de quelques jours le moissonnage ou le fauchage.

Du reste, dans la javelle ou dans la moyette, la graine continue à mûrir jusqu'à son détachement de l'épi ou la dessiccation du placenta. La plante emmagasine dans ses feuilles, avant la floraison, toute la nourriture nécessaire au fruit, c'est-à-dire, ici, à l'épi ; les feuilles radicales se dessèchent les premières, puis la résorption progresse peu à peu vers le haut; au moment de perdre sa dernière teinte verdâtre, le chaume peut donc être détaché de ses racines, puisque celles-ci ne lui fournissent plus d'aliments.

L'emploi de la *faucille* pour la moisson tend à disparaître de plus en plus; la *sape* est moins abandonnée, surtout quand la verse et la tempête ont couché et tortillé la paille. La *faux armée,* ainsi appelée parce qu'elle est armée de trois ou quatre baguettes recourbées fixées au manche, est d'un emploi très répandu; dans les grandes et les moyennes exploitations, on lui substitue, de plus en plus, la *moissonneuse mécanique.*

On construit aujourd'hui une *moissonneuse-lieuse* d'un fonctionnement parfait si elle est soigneusement entretenue et conduite par un ouvrier qui en connaît bien le maniement. Cette machine fournit un travail économique dans les exploitations importantes; la dépense (1 000 à 1 200 francs) que son acquisition entraîne est assez rapidement amortie par l'économie réalisée, si on l'emploie sur une emblavure d'au moins 50 hectares. Les fermes moins importantes se groupent pour une acquisition en commun, ou bien elles louent la machine à un syndicat; le prix de location d'une moissonneuse-lieuse, avec un homme pour la conduire, ne dépasse pas 20 francs par hectare moissonné.

Les céréales étant coupées un peu avant leur maturité complète doivent être placées ensuite dans des conditions favorables à l'achèvement de cette maturité ; on les mettra tout d'abord à l'abri de la pluie qui, par une action prolongée, fait subir à la graine et à la paille de graves détériorations.

Combien voit-on encore, dans les moissons, de javelles où le grain commence à germer, la paille à noircir, c'est-à-dire le fruit d'un pénible labeur perdre la moitié de sa valeur!

Le cultivateur soigneux n'attend pas, pour mettre ses récoltes à l'abri des intempéries, l'arrivée du mauvais temps; il réunit en *moyettes*, c'est-à-dire en petites meules, les javelles ou les gerbes de son champ, de façon à ce que les épis ne touchent pas le sol; puis il recouvre chaque tas d'un capuchon formé d'une gerbe liée près de sa base et dont les tiges sont écartées en forme d'entonnoir. La maturation s'achève ainsi à l'abri de l'humidité et, au premier beau jour, la récolte bien sèche est engrangée ou mise en meule en attendant le battage.

DEVOIRS ÉCRITS OU INTERROGATIONS

En quoi consistent les travaux de la moisson?

A quoi reconnaît-on qu'un blé est bon à moissonner? Avantages d'un moissonnage un peu devancé; inconvénients des retards.

Moissonnage à bras, procédés divers; emploi des machines. Avantages ou inconvénients de chaque système.

Conservation des récoltes jusqu'au battage.

37. Prairies et fenaison.

CHOSES VUES. — *Prairies naturelles ou permanentes; prairies artificielles ou temporaires. Engrais utiles aux unes et aux autres. Fauchage et fanage.*

OBSERVATIONS RÉSUMÉES ET CONCLUSIONS. — Le terme *prairie*, qui signifie *pré*, désigne un terrain où pousse de l'herbe qu'on transforme en foin pendant la fenaison, ou que l'on fait pâturer en vert, à diverses époques, par le bétail. Un pré ne se cultive pas ; on l'irrigue, on le fume ; mais la récolte y pousse, sans semis ni labour, c'est-à-dire naturellement. De là le nom de *prairie naturelle* ou *permanente* donné aux terrains producteurs de foin pendant un nombre indéfini d'années.

Les prairies naturelles ou prés occupent généralement le fond des vallées; le plus souvent elles bordent les cours d'eau; cependant on trouve, en montagne, des prairies permanentes très fertiles, surtout quand elles sont abondamment irriguées. Certaines prairies naturelles sont très humides et, quand on y creuse un fossé, le niveau de l'eau s'y maintient à un décimètre ou deux seulement au-dessous de celui du sol : les végétaux y pourrissent, leurs débris s'accumulent sous forme de tourbe riche en matières azotées et dont la réaction est fortement acide. Dans un pareil sol, les bonnes espèces fourragères disparaissent : elles sont remplacées par des joncs, des carex, des prêles, etc., qui ne donnent qu'un détestable fourrage.

L'acidité d'un sol est efficacement combattue par les scories de déphosphoration employées à haute dose. Cette intéressante démonstration est facile à faire partout où il existe des prés humifères.

Il convient d'abord d'assurer, s'il y a lieu, par une rigole, l'abaissement du plan d'eau à 25 ou 30 centimètres au-dessous de celui du sol. On répand ensuite uniformément par hectare une dose de 1 200 à 1 500 kilogrammes de scories finement moulues. Dès l'année suivante l'effet est manifeste : les mauvaises herbes périssent, et l'on est tout étonné de voir le développement pris subitement par les graminées fourragères; quelques légumineuses ne tardent même pas à apparaître.

Le foin des bonnes prairies naturelles est essentiellement formé de graminées : *dactyle, fétuque, fléole, fromental, paturin, ray-grass, vulpin*, etc. (*).

La prairie artificielle ou temporaire ne dure parfois que pendant l'année qui suit sa formation ; elle ne porte pas de graminées, mais seulement une ou deux des trois légumineuses : *trèfle, luzerne, sainfoin.* Dans un assolement triennal ou quadriennal, on sème, par exemple, du trèfle avec l'avoine ; l'année suivante, on récolte deux coupes de trèfle, puis on détruit la prairie artificielle en l'enfouissant par un labour : on donne ainsi au sol, sous forme d'*engrais vert*, une partie de l'azote emprunté à l'air atmosphérique par les racines (53) du trèfle.

Mais si les légumineuses enrichissent le sol en azote, elles l'appauvrissent en acide phosphorique et en potasse, ce dont il faudra tenir compte en appliquant la loi de restitution.

La luzerne, qui convient aux terres de consistance moyenne, et le sainfoin, qui s'accommode d'un sol sec et calcaire, peuvent former des prairies artificielles d'une durée de cinq ou six ans; cependant il est avantageux de les *rompre* dès que le rendement laisse à désirer et de rendre le sol enrichi en azote à la culture ordinaire.

L'herbe des prairies naturelles n'emprunte pas d'azote à l'atmosphère puisqu'elle est essentiellement formée de graminées; l'apport d'un engrais azoté est donc nécessaire : l'épandage, à même sur le pré, d'un fumier consommé augmente toujours, d'une façon sensible, le rendement en foin.

Si la prairie artificielle ne réclame pas d'engrais azoté, par contre l'épandage sur elle de phosphates et de sels potassiques est généralement du meilleur effet. On peut s'en rendre compte en semant des cendres non lessivées sur une moitié d'un carré délimité dans la partie homogène d'une luzernière : la récolte augmente souvent de plus de moitié du côté cendré.

Il serait difficile de se procurer une quantité suffisante de cendres pour une prairie temporaire de quelque importance; on y supplée par un engrais composé de sels potassiques et de phosphates (scories dans les terres argileuses, superphosphates dans les sols calcaires).

Le plâtre est souvent employé, à la dose de 2 ou 3 hectolitres par hectare, pour activer la végétation des légumineuses; on le répand au printemps, par la rosée ou par un temps brumeux et calme; sa cuisson est inutile, mais la finesse de sa pulvérisation en augmente les effets. Il agit d'abord en apportant aux plantes l'aliment calcique qu'il renferme ; mais il agit en outre sur les sels de potasse qui accompagnent toujours l'argile ; il les rend sans doute plus rapidement assimilables, puisque son emploi épuise les réserves du sol et nécessite l'application de la loi de restitution.

Par une démonstration restée célèbre et facile à répéter, Franklin

(*) Voir livre du maître, pages xxx (jardin scolaire).

sut mettre en évidence les effets du plâtre sur un champ de trèfle des environs de Washington : il répandit le plâtre de façon à former une phrase qui signifiait *ceci a été plâtré*. En cet endroit, le plâtre prit un tel développement que l'inscription se lisait parfaitement à une grande distance.

Le fauchage des prairies naturelles ou artificielles se fait de plus en plus à la faucheuse mécanique ; en général, il est trop tardif et souvent l'on ne récolte que de la *paille de foin* et non le fourrage parfumé, sapide et nutritif préféré du bétail.

Quand la floraison commence, la plante a emmagasiné dans ses tissus tous les principes nutritifs qu'elle peut prendre au sol ; le moment indiqué pour le fauchage des prairies est donc celui où la moyenne des herbes à faucher va fleurir.

Le fanage n'est pas toujours exécuté avec intelligence ; le cultivateur oublie qu'un simple lavage à l'eau de pluie fait perdre au foin un cinquième de ses principes solubles les plus utiles et que, en conséquence, la mise en tas s'impose aussitôt que la dessiccation de l'herbe est assez avancée pour que la fermentation ne soit plus à craindre.

76. Moyette de luzerne.

On en fait de moins grosses formées chacune d'une petite brassée de fourrage vert, dont on tortille la tête, et qui se tiennent debout si les tiges sont écartées à la base.

En général, le fanage des légumineuses est trop brutal : on les secoue et on les retourne si énergiquement que les feuilles et les capitules, c'est-à-dire le meilleur du foin des prairies artificielles, se détachent des tiges et restent sur le sol. Il est cependant bien facile de conserver au sainfoin, au trèfle, à la luzerne la presque totalité de leurs feuilles et de leurs fleurs, c'est de les mettre en petites moyettes (76) aussitôt le fauchage : le fanage se fait tout seul, même par les temps pluvieux, et l'on profite des premiers beaux jours pour l'engrangement.

DEVOIRS ÉCRITS OU INTERROGATIONS

Prairies naturelles, prairies artificielles ; définitions ; plantes fourragères des unes et des autres.

Engrais convenant à chaque genre de prairies.

Décrire une expérience, avec ses résultats, sur l'un des trois sujets suivants :

Action des scories de déphosphoration sur un pré humifère.
Action des cendres sur une luzerne.
Action du plâtre sur un trèfle.

Quand doit-on faucher une prairie et pourquoi?
Fanage; soins à prendre pour conserver les qualités du foin.

38. Viticulture.

CHOSES VUES. — *Taille de la vigne. Labours et autres façons du sol. Restitution des matières nutritives enlevées par les récoltes. Soins à donner aux bourgeons.*

OBSERVATIONS RÉSUMÉES ET CONCLUSIONS. — Les vignes françaises couvrent près de 2 millions d'hectares et produisent annuellement, en moyenne, 50 millions d'hectolitres de vin d'une valeur de plus d'un milliard de francs.

Pour être rémunératrice, la viticulture nécessite aujourd'hui, comme du reste toutes les cultures, des connaissances scientifiques dont l'étendue s'accroît avec le nombre des fléaux menaçant ses produits.

Les travaux du vigneron commencent, en hiver, par la taille des sarments, le labour du sol, la préparation des échalas ou, en général, des tuteurs. Ils se continuent, pendant la belle saison, par les menues façons du sol, les soins aux bourgeons et notamment le traitement des maladies parasitaires. La vendange et la vinification occupent l'automne.

La *taille* de la vigne, retardée parfois jusqu'en mars, par exemple dans l'Est, est généralement précédée d'un épluchage pouvant s'exécuter dès novembre, et qui consiste à enlever tous les rameaux secondaires ou accessoires, pour conserver seulement les sarments qui seront soumis à la taille proprement dite.

L'expérience de siècles a prouvé la nécessité de la taille; on sait ce que devient une vigne qui n'y est pas soumise. Cette opération permet de donner aux ceps une forme et des dimensions en rapport avec la fécondité du sol et la nature du climat où ils vivent. La pratique de la taille nécessite de l'observation, des soins, de l'expérience; elle s'acquiert en maniant la serpette ou le sécateur.

L'époque du labour varie selon la région; dans les vignobles où les gelées sont à craindre, il convient de l'exécuter assez tôt, car en remuant la terre on augmente sa surface d'évaporation et, par conséquent, on provoque un abaissement de température qui peut descendre jusqu'à zéro, et même au-dessous.

Le labour s'exécute à la charrue pour les plantations *en lignes*, à la houe à main, dont la forme est très variable (fossoir, croc, hoyau, etc.), pour les anciennes vignes encore *en foule*. Dans ce dernier cas, le *bêchage* doit être terminé avant le *débourrement*, sous peine d'abattre de nombreux bourgeons.

Le labour proprement dit se distingue des menues façons du sol (binage, sarclage) en ce qu'il est plus profond ; il a un double but : d'abord, il ameublit le sol, ce qui facilite le développement des racines et l'accès de l'oxygène de l'air dont elles ne sauraient se passer ; en outre, il incorpore les engrais au sol et les met ainsi à la disposition des poils absorbants.

Dans bien des vignobles encore, on semble ignorer la loi de restitution et croire qu'il n'est pas utile de donner des engrais à la vigne. Un simple raisonnement suffit cependant pour en démontrer la nécessité.

Chaque vendange enlève au sol une quantité notable de principes fertilisants ; selon les vignobles, 1 hectolitre de vin renferme de 500 grammes à 2 kilogrammes de potasse, sous forme de tartre ; les sarments en contenaient davantage, sans compter l'acide phosphorique, la chaux et les matières azotées ; les feuilles seules sont restées sur le sol.

De sorte qu'à 1 hectare de vigne (supposé suffisamment calcaire, pour simplifier les calculs) où la récolte (raisins et sarments) renferme, par exemple, 50 kilogrammes de potasse, autant d'azote et le quart d'acide phosphorique, il faudra restituer, si l'on veut maintenir la fertilité : 100 kilogrammes de sel de potasse à 50 pour 100, et même poids de superphosphate ou 12 à 15 pour 100, sans compter la restitution en azote.

L'engrais azoté est ordinairement fourni à la vigne sous forme de *compost* obtenu, sur le sol même, par un amas de couches superposées de fumier frais et de terre végétale. Le nitrate de soude active singulièrement la végétation des mauvaises herbes ; on lui préfère le fumier décomposé ou mieux le compost.

En résumé, il faut rendre à une vigne, après chaque vendange, les éléments fertilisants exportés par le raisin et le sarment, savoir : l'azote sous forme de compost, la potasse à l'état de chlorure ou de sulfate, et l'acide phosphorique par les superphosphates en sol calcaire, par les scories en terre argileuse. Les vignes reconstituées sur cépages américains paraissent plus exigeantes, en engrais, que les vieilles souches françaises, peut-être parce qu'elles produisent davantage.

Les autres travaux viticoles consistent dans les menues façons du sol (binages, sarclages, etc.), dans les soins aux bourgeons (épamprage, accolage, rognages, etc.) et surtout dans les traitements préventifs contre les maladies parasitaires.

Les *binages* sont destinés à l'ameublissement de la partie superficielle du sol, ce qui en diminue l'évaporation (61); ils font en outre disparaître les mauvaises herbes et constituent par conséquent un *sarclage*.

L'*épamprage* consiste dans la suppression des bourgeons stériles, ou inutiles pour la taille de l'année suivante.

L'*accolage* soutient les rameaux devenus trop longs, expose mieux les grappes au soleil, et facilite le reste des travaux :

Le *rognage* et le *pincement* arrêtent le développement des bourgeons gourmands et font refluer, dit-on, la sève vers le fruit.

DEVOIRS ÉCRITS OU INTERROGATIONS

Travaux du vigneron pendant l'hiver et au commencement du printemps.

But et utilité des labours profonds pour la vigne; comment on les exécute.

Engrais pour la vigne; application de la loi de restitution.

Travaux du vigneron pendant l'été (moins ceux de préservation contre les parasites).

39. Vignes phylloxérées.

CHOSES VUES. — *Ravages causés par le phylloxéra; moyens de les combattre. Reconstitution des vignes françaises par greffage sur cépages américains. — Autres insectes ravageurs de la vigne : pyrale, cochylis.*

OBSERVATIONS RÉSUMÉES ET CONCLUSIONS. — Vers 1865, les vignes du Midi furent atteintes d'une terrible maladie causée par un insecte imperceptible : le *phylloxéra*, importé par des cépages américains.

Ce nouvel ennemi de la viticulture affecte plusieurs formes; la plus dangereuse pullule sur les racines (77), dont elle suce la sève jusqu'à épuisement, en y laissant un poison mortel pour les tissus.

Une racine de vigne phylloxérée est facile à distinguer d'une racine saine (78) : elle porte des boursouflures d'où échappe une sorte de poussière jaunâtre constituée par des espèces de pucerons d'environ un demi-millimètre de longueur; armé d'une bonne loupe, on distingue très bien chaque individu de cette grouillante légion.

Le premier remède employé avec efficacité contre le phylloxéra fut le *sulfure de carbone*, introduit dans le sol au moyen d'un pal injecteur: quelques vignes anciennes ont pu être conservées par ce moyen.

La submersion des vignes en plaine, pendant au moins six semaines, est un procédé recommandable quand son application est possible; il est employé avec succès pour certaines vignes basses de l'Aude, de l'Hérault, de la Gironde, etc.

Mais le moyen le plus généralement répandu, parce qu'il permet, dans toutes les régions viticoles, de protéger la récolte, consiste dans l'*adaptation* au sol d'un cépage américain sur lequel on greffe un

77. Phylloxéras sur les racines.
Grossissement : 15 diamètres.

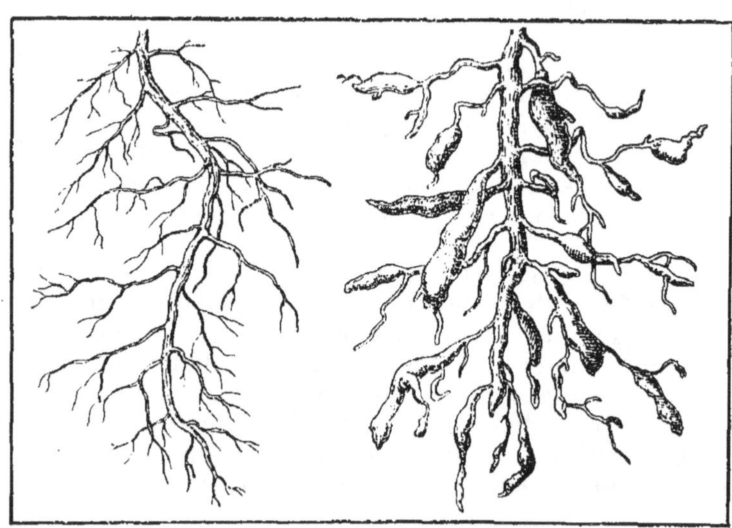

Racines saines **Racines phylloxérées.**

78. Aspect des racines de la vigne.

cépage français : la racine du porte-greffe résiste aux piqûres de l'insecte, et le greffon donne le fruit des anciennes vignes.

La greffe en fente anglaise est universellement employée pour la reconstitution des vignes phylloxérées. Elle s'exécute sur boutures, à la maison, vers la fin de l'hiver ou au commencement du printemps ; les *greffes-boutures* sont mises immédiatement en pépinière sous le climat méridional; dans les régions moins favorisées par la température, on a d'abord recours à la *stratification :* les greffes-boutures réunies par petits paquets sont disposées en *strates* ou couches horizontales sur du sable légèrement humide, ou de la mousse, dans un endroit abrité et où il ne gèle pas, tel un sous-sol, un cellier,

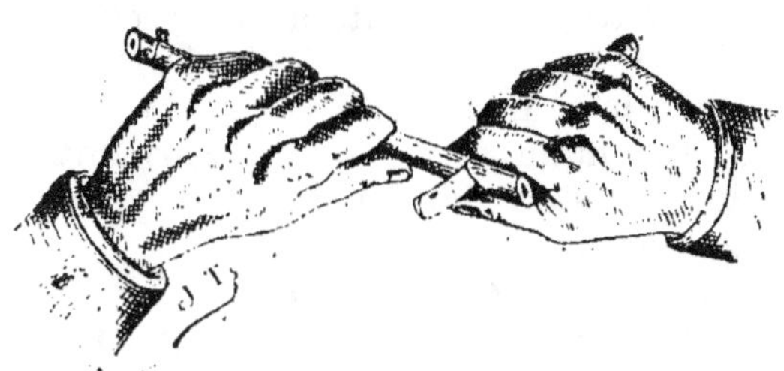

79. Coupe du sujet ou du greffon.
Tenue du greffoir et du sarment.

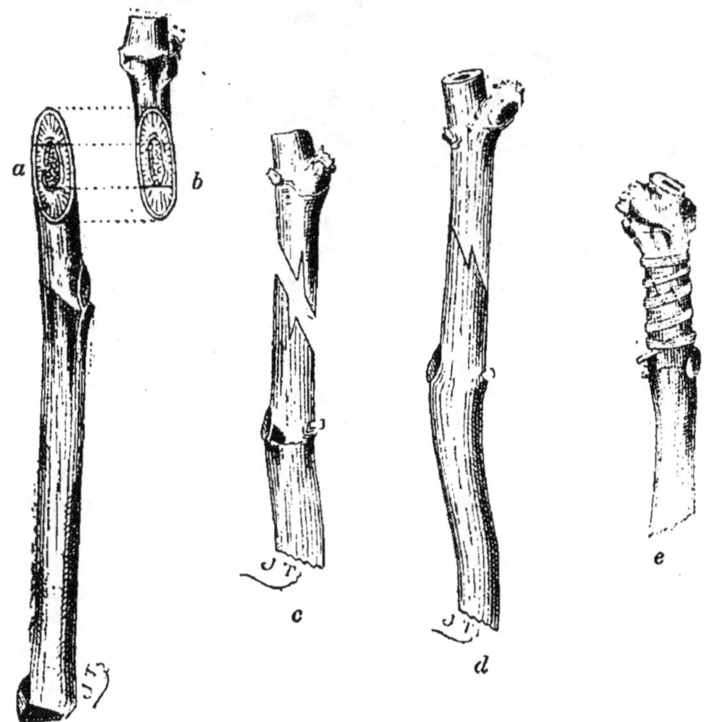

80. Greffe-bouture en fente anglaise.

a et *b*, les deux biseaux du porte-greffe et du greffon; *c*, entailles préparées *d*, exécution de l'assemblage; *e*,greffe-bouture terminée, ligaturée par raphia.

une cave même. Le beau temps venu, les greffes-boutures sont mises en pépinière.

L'exécution d'une greffe s'apprend par la pratique (79) ; les élèves qui suivent les cours de greffage arrivent rapidement à la dextérité nécessaire pour préparer, en une heure, une trentaine de greffes-boutures (80).

Voici les principales recommandations à suivre :

Choisir, comme porte-greffe et comme greffons, des sarments bien aoûtés et de 6 millimètres au moins de diamètre ;

Les stratifier en attendant le greffage ;

Répartir porte-greffe et greffons par lots de même diamètre ;

Couper nettement les biseaux, dont la section doit être deux fois

81. Pyrale de la vigne.
A gauche, les chenilles jeunes avant l'hiver ; à droite, celles qui ont passé l'hiver.

plus longue que large (80 *a* et *b*), et pratiquer sur chacun, entre l'écorce et la moelle, une entaille de quelques millimètres légèrement oblique aux fibres du bois (80 *c*) ;

Ajuster les deux biseaux (80 *d*) de façon à ne laisser subsister aucun vide et à assurer, sur la plus grande surface possible, le contact des couches génératrices ;

Ligaturer la greffe-bouture par du raphia en formant le nœud du tonnelier (80 *e*) : un déplacement des surfaces en contact compromettrait leur soudure.

D'autres insectes, moins terribles que le phylloxéra, ravagent, en certaines années, les récoltes viticoles ; en voici deux qui sont difficiles à détruire.

La *pyrale* (81) est un papillon de 2 centimètres environ d'envergure qui se montre en juillet et août; ses œufs, réunis par plaques et fixés par une colle insoluble, éclosent en quelques jours et donnent naissance à une multitude de petites chenilles verdâtres d'un appétit vorace. Les premiers froids venus, ces parasites se cachent sous l'écorce des ceps, dans les fentes des échalas, s'y filent une coque soyeuse qui les préserve des rigueurs de l'hiver. Au printemps suivant, le réveil arrive et avec lui l'appétit; mais, comme la vermine a grandi, ses dégâts augmentent proportionnellement à sa taille.

L'ébouillantage des souches et des échalas pratiqué avant l'hiver

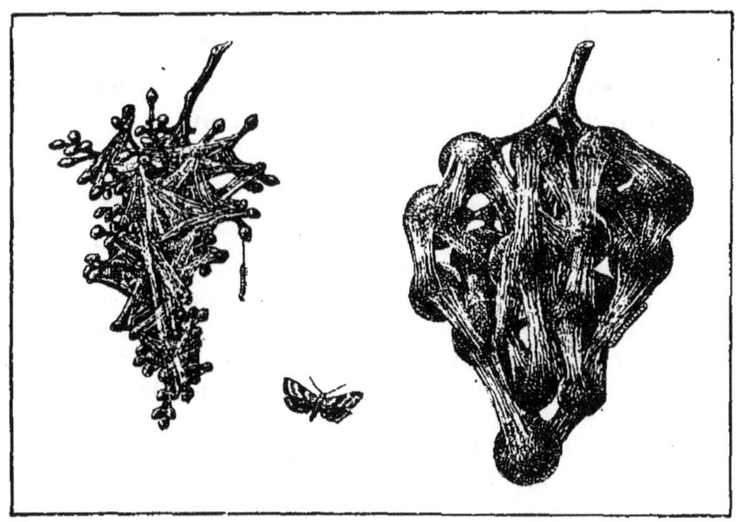

82. Cochylis de la vigne.
A gauche, destruction de la grappe en fleurs; à droite, celle du fruit.

est un des meilleurs préservatifs contre la pyrale; malheureusement il reste insuffisant.

La *cochylis* (prononcez *kokilice*) est un papillon jaune paille un peu plus petit que la pyrale, mais plus dangereux pour la vigne. En avril ou mai, chaque femelle pond une trentaine d'œufs sur les bourgeons et, à l'éclosion, les larves se rendent sur les grappes, en fleurs ou non, et les enveloppent d'un réseau soyeux qui les fait périr (82).

Là ne s'arrête pas le dégât : la métamorphose de l'insecte s'accomplit, la larve devient nymphe, puis papillon, et une seconde ponte est faite sur les grappes échappées à la première destruction. Si le temps est sec, chaque larve détruit un grain de raisin; mais si la saison devient pluvieuse la pourriture envahit la grappe entière qui est irrémédiablement perdue. On n'a pas encore trouvé de moyen pratique de combattre efficacement la cochylis.

DEVOIRS ÉCRITS OU INTERROGATIONS

Comment le phylloxéra peut-il détruire un vignoble? Premiers moyens employés pour combattre cet insecte.

Comment l'emploi des cépages américains a-t-il pu renouveler la production des vins de France?

Préparation des boutures-greffes pour la reconstitution d'une vigne phylloxérée; décrire les opérations faites, à ce sujet, en classe ou au jardin.

Résumer les observations faites sur les dégâts causés, dans les vignobles, par des insectes autres que le phylloxéra.

40. Maladies cryptogamiques de la vigne.

CHOSES VUES. — *Dégâts causés par des végétations parasitaires; substances employées pour les combattre. — Bouillies cupriques, fabrication et emploi. Le soufre et l'oïdium.*

OBSERVATIONS RÉSUMÉES ET CONCLUSIONS. — Si les vignes reconstituées, par greffage de plants français sur américains, demeurent réfractaires aux atteintes du phylloxéra, elles ne sont pas pour cela préservées des autres fléaux parasitaires consistant en végétations cryptogamiques dénommées *mildiou* (mildew), *black-rot*, *oïdium*, etc. A lui seul, le mildiou aurait, depuis longtemps déjà, détruit toutes les vignes si un remède efficace, et d'application pratique, n'avait été découvert à temps.

Le *sulfate de cuivre* (vitriol bleu, couperose bleue) jouit de la propriété précieuse, pour tous les cultivateurs, de détruire les spores ou semences de la plupart des champignons microscopiques funestes à diverses cultures, notamment à la vigne. Là où il est inefficace, on lui substitue le soufre en poudre.

Pour employer le sulfate de cuivre avec succès, il est bon de connaître ses propriétés principales, celles au moins dont on fera l'application. D'abord, c'est une substance toxique; les mains qui le manipulent doivent être soigneusement lavées avant de toucher aucun aliment.

Le commerce le livre sous forme de cristaux d'un beau bleu qui se dissolvent entièrement dans trois fois leur poids d'eau froide et dans la moitié seulement d'eau bouillante. Les dissolutions employées comme remèdes, ou comme préservatifs, par les vignerons, sont beaucoup moins concentrées : 2 de sulfate pour 100 d'eau, dans la préparation des bouillies cupriques; trois ou quatre fois plus de sel s'il s'agit du sulfatage des échalas, paillassons, etc. La dissolution se fait rapidement et complètement si le sulfate est placé dans un sac ou un panier suspendu dans la partie supérieure du dissolvant.

Une lame ou une tige de fer décapée (lame de couteau, clé, pointe neuve) trempée dans une dissolution de sulfate de cuivre se couvre presque instantanément d'une couche de beau cuivre rouge; une partie

du sel bleu a été décomposée et le fer a pris la place du cuivre dans le sulfate. La conclusion de cette expérience, c'est qu'il ne faut jamais verser une dissolution de sulfate de cuivre dans un vase de fer, à plus forte raison dissoudre le sel dans un chaudron de fonte. L'emploi d'un vase de zinc, d'un seau à fond de zinc doit être également proscrit, le zinc agissant comme le fer sur le sulfate de cuivre : après un contact suffisamment prolongé, le cuivre serait précipité à l'état pulvérulent et le zinc rongé ; la dissolution ne contiendrait plus de sulfate de cuivre, mais du sulfate de zinc.

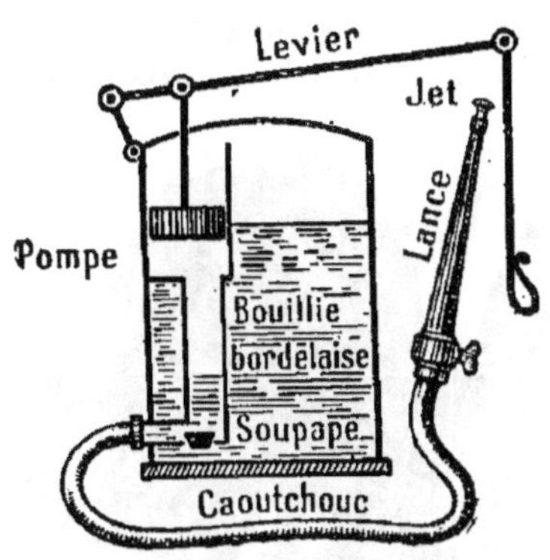

83. Pulvérisateur (schéma).

Une autre propriété à connaître également, c'est l'action des solutions alcalines de chaux, de potasse, de soude, d'ammoniaque sur le sulfate de cuivre : elles précipitent, sous forme de magma gélatineux d'un vert bleuâtre, l'oxyde de cuivre à l'état hydraté, c'est-à-dire combiné à de l'eau. Cette combinaison est peu stable et il suffit de chauffer, jusqu'à l'ébullition, l'eau qui la tient en suspension pour la détruire : l'eau se sépare de l'oxyde, qui reprend sa couleur noire. Ainsi l'oxyde de cuivre se présente sous deux formes : hydraté, il est

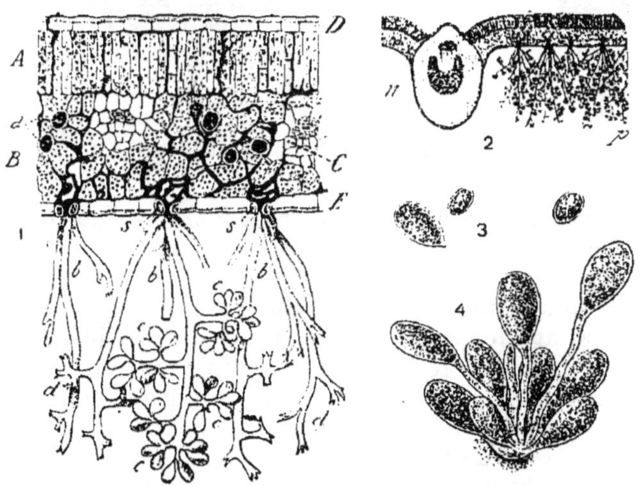

84. Coupe d'une feuille tachée de mildiou.

La partie droite 2 représente une coupe verticale de la nervure *n* et du parenchyme, avec arborescences de *peronospora p*. A côté, une partie plus grossie de la coupe précédente : dans l'épaisseur du parenchyme *A, B, E, D*, le mycélium est marqué par des traits noirs ; il est entré par l'épiderme supérieur *D*, s'est développé dans les lacunes du tissu *a, C* ; ensuite par les stomates *s* s'échappent des filaments ou branches *b, d*, qui portent des conidies *c*, très grossies en 3 et 4, et d'où sortiront les spores ou semences du peronospora.

verdâtre; anhydre, il est noir. Or, c'est l'oxyde vert qui agit sur les spores, soit qu'il reprenne l'acide sulfurique qu'il avait perdu, soit pour toute autre cause; l'oxyde noir est inactif.

La conclusion de ce qui précède, c'est que, dans la préparation des remèdes cupriques, on devra éviter soigneusement la formation de l'oxyde noir; beaucoup de vignerons en préparent, bien involontairement, et traduisent leur insuccès en disant que la composition est *brûlée*. C'est ce qui se produit, par exemple, dans la préparation de la bouillie cuprique, si l'on verse la dissolution de sulfate de cuivre sur de la chaux incomplètement éteinte : la chaleur dégagée décompose l'oxyde hydraté, au moins partiellement, et donne de l'oxyde noir.

85. Feuille et fruit atteints de black-rot.

Le mildiou s'attaque aux feuilles de la vigne et en détruit le parenchyme; le sulfate de cuivre tue les spores du terrible champignon et par conséquent en arrête le développement; mais on ne l'emploie pas seul : l'expérience a prouvé qu'il agit plus efficacement si on mélange préalablement sa dissolution avec un lait de chaux ou avec une autre base alcaline; on l'emploie le plus souvent sous forme de *bouillie* dite *bordelaise*. D'une part, on dissout 2 kilogrammes de sulfate de cuivre dans 50 litres d'eau; d'autre part, on éteint 2 kilogrammes de chaux grasse et, quand elle est bien délitée, on complète le volume à 50 litres et on agite. On verse ensuite peu à peu le lait de chaux dans la solution de sulfate en brassant pour bien mélanger le tout. Tout échauffement est ainsi évité et par conséquent toute production d'oxyde noir.

Si l'on remplace la chaux par du carbonate de soude, on obtient alors la *bouillie bourguignonne.* En substituant l'ammoniaque à la chaux ou à la soude, l'oxyde de cuivre se dissout et l'on obtient un liquide d'un beau bleu appelé *eau céleste*, aujourd'hui peu employée.

La bouillie cuprique est répandue *sur* les feuilles au moyen d'un pulvérisateur (83) porté, comme un sac de soldat (90), par l'opérateur, ou fixé sur le dos d'un animal de bât dans les grandes exploitations.

C'est *par la face supérieure* des feuilles que le mildiou pénètre dans l'épaisseur du parenchyme, c'est donc là qu'il faut l'atteindre pour arrêter son développement et ses ravages (84) : on ne guérit pas le mildiou, on le combat par des moyens préventifs. Plusieurs traitements sont nécessaires : le premier a lieu aussitôt que les bourgeons ont atteint une longueur de 20 à 25 centimètres; on en fait un second avant la floraison et un troisième quand elle est terminée. Souvent on en pratique même un quatrième, car le but à atteindre, il ne faut pas l'oublier, c'est la préservation des feuilles : sans elles, le raisin ne saurait ni mûrir, ni même grossir.

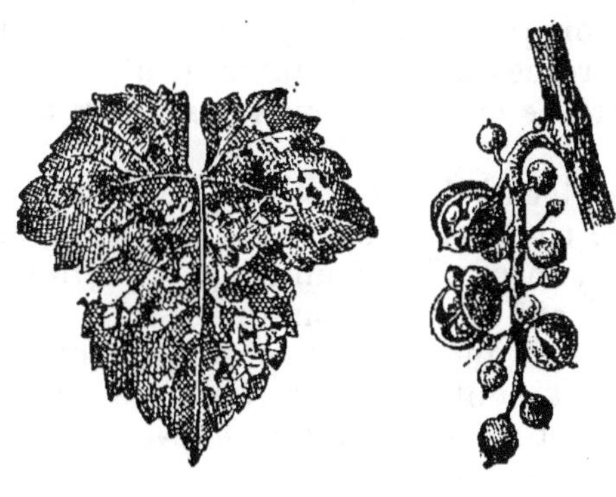

86. Feuille et fruit atteints de l'oïdium.

Le *black-rot* ou pourriture noire (85) est produit par un champignon qui attaque les feuilles, les sarments et surtout les raisins, dont les grains deviennent bruns, se rident, se couvrent de poussière noire et tombent. Cette maladie se combat comme la précédente.

L'*oïdium* ne pénètre pas dans les tissus de la vigne, mais il les recouvre complètement de filaments courts d'un blanc grisâtre, qui en empêchent le développement (86). Cette maladie résiste aux bouillies cupriques, mais elle cède à des *soufrages* pratiqués au moyen d'un soufflet dans lequel on introduit du soufre en poudre très fine.

DEVOIRS ÉCRITS OU INTERROGATIONS

Principales maladies cryptogamiques de la vigne, leurs caractères, les pertes qu'elles causent.

Comment se prépare une bouillie cuprique efficace; quand et comment l'emploie-t-on ?

Caractères de l'oïdium; traitement de cette maladie.

41. Vendange et vinification.

(en Champagne*)

Choses vues. — *La vendange; cuvée de vin rouge, vin de goutte, vin de pressoir. Vin blanc; vin mousseux, préparation.*

Observations résumées et conclusions. — Le meilleur moment pour la vendange est celui où le plus grand nombre de raisins ont atteint leur maturité complète. Lorsque quelques grains commencent à se rider, la proportion de sucre cesse d'augmenter; il n'y a donc plus lieu de retarder la cueillette, le mauvais temps survenant amènerait la pourriture.

Les grappes coupées sont portées à la *cuve* si l'on veut faire du *vin rouge;* au *pressoir* s'il s'agit de *vin blanc*. Dans ce dernier cas, pour les meilleurs crus de Champagne, on procède à un triage qui élimine tous les grains pourris, secs ou insuffisamment mûrs.

La couleur rouge du vin est due à une matière colorante contenue dans la pellicule du raisin noir et dont la dissolution est favorisée par la chaleur de la fermentation et par l'alcool que celle-ci produit. Sauf pour une variété de raisins appelés *teinturiers*, le jus que contient une grappe fraîchement cueillie est incolore; si on le sépare de la pellicule colorée avant la fermentation, on obtiendra du vin blanc; dans le cas contraire, du vin rouge. Les raisins blancs donnent toujours du vin blanc.

La vendange est versée dans la cuve d'où sortira le vin rouge, soit directement, soit après *foulage*, opération qui consiste à faire passer les raisins entre des cylindres cannelés qui en écrasent les grains. Le foulage s'opère, trop souvent encore, par des procédés primitifs qui n'ont rien de recommandable.

Quoi qu'il en soit, la cuve remplie de raisins écrasés ne tarde pas à entrer en *fermentation* si sa température est d'au moins 15 degrés; si elle était inférieure, il la faudrait relever en chauffant soit le cellier où est placée la cuve, soit la cuve elle-même au moyen d'un serpentin (chauffe-moût) dans lequel on fait circuler de la vapeur d'eau. Dans les petites exploitations, on se borne à chauffer, dans une chaudière, une quantité plus ou moins grande de jus ou *moût* tiré de la cuve et qu'on y reverse ensuite sans le laisser refroidir; en général cette opération est inutile, la température du lieu où la cuve est installée étant suffisante à l'époque des vendanges. Il est recommandé, en tout cas, d'abriter la cuve contre le froid de la nuit et de la préserver des courants d'air: tout refroidissement est nuisible à la bonne marche de la fermentation. Dans les pays méridionaux, en Algérie, on a plutôt à redouter une trop grande élévation de température: au

(*) Ce sujet variera selon les régions viticoles.

delà de 30 ou 35 degrés, le vin se transforme rapidement en vinaigre, du moins partiellement.

La fermentation du moût est due au développement d'un *ferment* analogue à la *levure de bière;* ce développement est assuré par les matières minérales contenues dans le moût ; il provoque la décomposition du sucre en deux substances : l'une liquide, ENIVRANTE, l'*alcool* qui reste dissous dans le vin ; l'autre gazeuse, ASPHYXIANTE, le *gaz carbonique* qui, en se dégageant, produit une sorte d'ébullition. Le poids de l'alcool ajouté à celui du gaz carbonique redonne celui du sucre; de sorte qu'on peut écrire :

Sucre fermenté = alcool + gaz carbonique.

Ce qui se traduirait, en poids, par :

45 grammes de sucre donnent :	gaz carbonique.	22 gr.	(11 litres)
	alcool.	23 »	
	TOTAL. . .	45 »	

Sachant qu'un litre d'alcool pèse 800 grammes, en chiffre rond, il sera facile de trouver la quantité de sucre qui devra fermenter dans un moût pour donner 1 degré d'alcool par hectolitre de vin : c'est environ le double du poids d'alcool à produire, soit 1 600 grammes de sucre. Remarquons qu'un litre d'alcool pur équivaut à deux litres d'eau-de-vie ordinaire.

La fermentation de la cuvée de vin rouge dure de cinq à huit jours ; pendant ce temps, le *marc* monte et flotte à la partie supérieure de la cuve : c'est le *chapeau,* qu'il faut refouler souvent dans le liquide si l'on veut obtenir une fermentation homogène. Certaines cuves comportent une claie, ou un fond supérieur troué ou disjoint, qui maintient l'immersion du chapeau.

La fermentation s'arrête faute de sucre à transformer. Le moût sucré est alors devenu une liqueur alcoolique, le *vin,* qu'il ne reste plus qu'à séparer du marc et à mettre en fûts.

Le vin tiré de la cuve s'appelle *vin de goutte.* Le marc comprimé ensuite dans un *pressoir* donne du *vin de pressurage.*

Si l'on additionne d'eau et de sucre le marc pressuré, une nouvelle fermentation se produit et l'on obtient une boisson dite *vin de seconde cuvée,* dont le degré alcoolique, en cas de fermentation complète, est égal à autant d'unités qu'on a employé de fois 1 600 grammes de sucre par hectolitre d'eau.

Depuis longtemps on prépare, en Champagne, du vin blanc mousseux avec des raisins blancs ; mais aussi, et surtout, avec des raisins rouges.

Au sortir du pressoir, le vin blanc est logé dans des fûts bien nettoyés et préalablement *méchés,* c'est-à-dire qu'on y a fait dégager du *gaz sulfureux* soit en y brûlant une mèche soufrée, soit en y introduisant du bisulfite de soude. Cette opération a un double but : 1° suspendre momentanément la fermentation jusqu'au moment du *débourbage*, sorte de décantation qui élimine les impuretés tombées peu à peu au fond ; 2° décolorer le vin s'il est sorti un peu rosé du pressoir, ce qui se produit quand les raisins noirs sont très mûrs.

La fermentation, beaucoup moins rapide que dans la cuve à vin rouge, ne tarde pas à s'établir dans les tonneaux ; la bonde mal fermée laisse échapper le gaz carbonique dont on connaît les propriétés asphyxiantes. Aux premiers froids, tout redevient calme et le vin s'éclaircit ; avant l'arrivée des premières chaleurs printanières, on le soutire. Généralement, il renferme encore du sucre : on en détermine la quantité ; puis on calcule le poids de sucre raffiné qu'il faut ajouter pour produire une bonne *mousse*.

Ce qui rend le vin blanc mousseux, c'est le gaz carbonique dégagé par une nouvelle fermentation *dans la bouteille même*. Si, au moment de sa mise en bouteilles, le vin contient une quantité insuffisante de sucre, la mousse sera faible ; elle deviendra au contraire violente et pourra faire sauter les bouteilles, s'il en contient trop. On sait, en Champagne, régler les dosages et procéder aux diverses opérations, pour la plupart délicates, qui terminent la bouteille de ce vin brillant et pétillant, expédié chaque année, par millions de caisses, dans le monde entier.

DEVOIRS ÉCRITS OU INTERROGATIONS

Quand faut-il vendanger ?
Préparation d'une cuvée de vin rouge.
Qu'appelle-t-on vin de seconde cuvée ?
Ce que produit la fermentation du raisin ; dangers d'asphyxie.
Vin blanc ; comment on l'obtient ; ce qui le rend mousseux.

42. Cidre, bière, eaux-de-vie.

CHOSES VUES. — *Fabrication du cidre. Transformation de l'amidon de l'orge en matière sucrée ; macération du malt et fermentation : en déduire les principes de fabrication de la bière. Distillation des boissons ou des fruits fermentés : eaux-de-vie.*

OBSERVATIONS RÉSUMÉES ET CONCLUSIONS. — Dans les régions de la France où le climat ne se prête pas à la viticulture, on remplace le vin par le cidre ou par la bière.

En Bretagne et en Normandie la culture du pommier à cidre tient une assez large place. Dans les départements septentrionaux, de nombreuses brasseries préparent la bière consommée dans le pays.

Cidre ou bière, il s'agit toujours d'une boisson obtenue au moyen d'un liquide sucré soumis à la fermentation alcoolique.

Le *cidre* se prépare avec des pommes — parfois des poires — récoltées mûres, débarrassées de la boue ou des autres souillures adhérentes, puis broyées et pressurées pour en extraire le jus. La première presse donne le *pur jus;* le marc est ensuite arrosé de *bonne eau potable*, abandonné à la macération pendant un ou deux jours, puis pressuré à nouveau : le nouveau jus obtenu, naturellement moins riche que le premier, deviendra la boisson ordinaire.

Le *cidre doux* venu du pressoir est mis à fermenter dans des tonneaux; son sucre se dédouble, comme celui du moût de raisin, en alcool, qui reste dissous dans le liquide, et en gaz carbonique, qui se dégage en produisant une sorte d'ébullition.

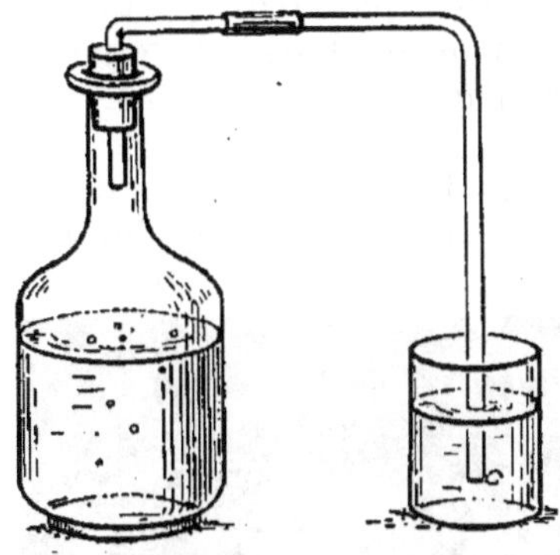

87. Fermentation d'un liquide sucré.

De l'eau tiède contenant une dissolution de 200 grammes environ de sucre par litre — ou bien du moût de raisin, du cidre doux, ou une infusion d'orge germée additionnée de levure de bière — est placée dans une carafe maintenue à une température d'environ 20° : du gaz carbonique se dégage bientôt; on le reconnaît à ce qu'il trouble l'eau de chaux. Le liquide a perdu sa saveur sucrée ; soumis à la distillation, il donne de l'alcool.

La fermentation terminée, le cidre devenu clair est soutiré dans des fûts propres; mis en bouteilles, il deviendra mousseux s'il contient encore du sucre, absolument comme le vin blanc, et pour les mêmes raisons.

La loi de restitution s'applique aux pommiers comme aux autres végétaux cultivés: il faut donc rendre au sol qui les porte les éléments minéraux et azotés enlevés par les pommes récoltées. La meilleure fumure est composée de fumier consommé enfoui par un binage avec des engrais minéraux complémentaires; le tout est préalablement répandu sur la partie du sol occupée par les racines, ce qui correspond à peu près à la surface abritée par les branches.

La préparation de la *bière* n'est pas aussi simple que celle du cidre. La matière première, l'*orge*, n'est pas sucrée; mais elle renferme de l'amidon qu'il faut d'abord transformer en une espèce de sucre appelé *glucose*, et qui peut fermenter comme celui des raisins, des pommes et, en général, de tous les fruits sucrés. L'expérience suivante fera connaître les phases principales de cette transformation.

De l'orge est mise à germer dans une assiette; on maintient la graine humide, sans la noyer, par de fréquents arrosages. Dans un milieu tempéré, la germination commence aussitôt (21); on l'arrête, en desséchant l'orge, quand la gemmule atteint à peu près la longueur du grain. A ce moment, il s'est formé un principe azoté, la *diastase*, capable de transformer beaucoup d'amidon en glucose, sous l'influence de l'eau et de la chaleur. Pour obtenir un liquide sucré, il suffira donc de faire macérer l'orge germée dans de l'eau à 60 ou

70 degrés. Cette sorte d'infusion plus ou moins riche en glucose, selon la quantité d'orge employée, entrera rapidement en fermentation si l'on y sème un peu de levure de bière et si l'on maintient sa température à 15 ou 20 degrés : il se forme de l'alcool, et il se dégage du gaz carbonique, reconnaissable à ce qu'il trouble l'eau de chaux (87).

L'opération précédente, pratiquée en grand, permet aux *brasseurs* de préparer la bière.

L'orge est mouillée d'eau froide et placée au *germoir* où la température est maintenue à 12 ou 15 degrés. L'orge germée, séchée dans la *touraille*, puis débarrassée de ses radicelles par frottement sur des espèces de cribles, constitue le *malt* qu'on *brasse* dans l'eau chaude pour activer la formation de la *glucose* par l'action de la diastase sur l'amidon, et pour la dissoudre.

La liqueur sucrée ainsi obtenue est mise à bouillir dans des chaudières avec le houblon qui lui communique son arome. Rapidement refroidie, elle est ensuite versée dans des cuves où la levure de bière, provenant des opérations précédentes, provoque la fermentation.

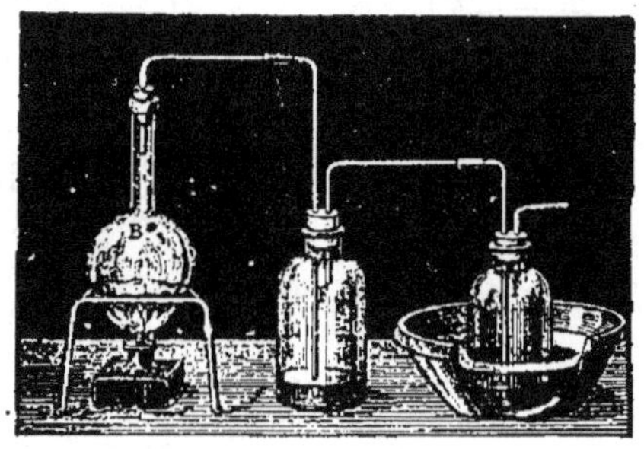

88. Distillation d'une boisson fermentée.

Du vin, du cidre, de la bière, chauffé à l'ébullition en B, laisse dégager des vapeurs d'alcool et d'eau qui se condensent d'abord en F, où le liquide condensé bout à son tour; les produits de cette rectification sont refroidis en F'.

En soumettant à la distillation (88) un liquide fermenté, on obtient de l'alcool.

L'alcool pur est un poison énergique; étendu d'eau de manière à doubler son volume, il constitue l'*eau-de-vie*.

Les eaux-de-vie de consommation n'étaient autrefois que le produit de la distillation du vin, c'est-à-dire de l'*esprit-de-vin* plus ou moins étendu d'eau. Les vins des environs de Cognac fournissent les eaux-de-vie renommées du même nom; les fruits à noyau distillés après fermentation donnent le *kirsch;* les marcs de raisins, le *marc;* les mélasses de sucrerie, le *rhum*, etc. Mais, sous ces mêmes noms, le commerce livre des liqueurs dites de *fantaisie* préparées au moyen d'alcools de pomme de terre, de grain, de betterave, etc., et aromatisées d'essences obtenues par combinaisons savantes de produits chimiques.

Les seules *boissons hygiéniques,* ou qu'on peut qualifier telles quand l'usage en est modéré et si elles n'ont pas été frelatées, sont le *vin*, le *cidre* et la *bière*.

DEVOIRS ÉCRITS OU INTERROGATIONS

Préparation du cidre pur jus; nettoyage, broyage et pressurage des pommes.

Fabrication du cidre ordinaire; nature de l'eau à employer.

Conservation du cidre; cidre mousseux.

Loi de restitution appliquée à la culture du pommier.

Décrire une expérience permettant d'expliquer les principales opérations pratiquées dans les brasseries.

Conditions nécessaires à la fermentation d'un liquide sucré; expériences simples mettant en évidence la nature des produits formés.

Principes de la distillation des liquides fermentés et de la rectification des alcools : les déduire d'une expérience élémentaire. Principales eaux-de-vie.

43. Pomme de terre.

Choses vues. — *Description de la plante. Ce que renferment les tubercules. Plantation des pommes de terre; façons culturales; récolte; traitement des maladies.*

Observations résumées et conclusions. — La pomme de terre appartient à une famille botanique, celle des *solanées*, qui compte, parmi ses membres, de dangereux malfaiteurs: la belladone, la pomme épineuse, la jusquiame, le tabac sont en effet des solanées; leurs fruits, leurs feuilles, leur sève contiennent de violents poisons. L'inoffensive « parmentière » est, au contraire, un aliment précieux, et l'on ne saurait l'accuser d'aucun méfait, sauf peut-être dans le cas où sa fécule a été transformée en alcool.

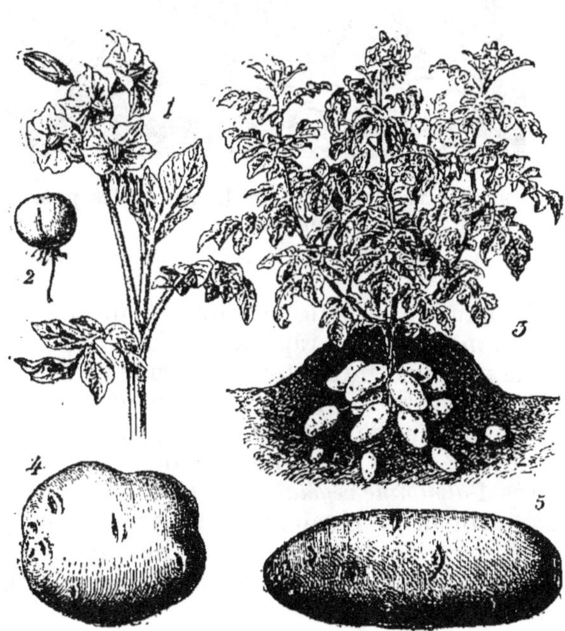

89. Pomme de terre.

1, rameau fleuri; 2, fruit; 3, pied butté avec ses tubercules; 4 et 5, deux formes de pommes de terre.

Le fruit de la pomme de terre succédant à la fleur (89 — 1 et 2) n'est pas comestible, il peut tout au plus servir à des expériences de semis; la récolte de cette plante consiste en tiges souterraines, les *tubercules* (89 — 3), qui se développent sur les racines.

Depuis Parmentier, qui vulgarisa la culture et l'usage de la pomme de terre, au XVIIIe siècle, le nombre des variétés cultivées a considérablement augmenté : on en trouve de très volumineuses, d'autres plus petites ; les unes (Richter's imperator) sont de forme arrondie, les autres (Early rose) plus allongées (89 — 4 et 5) ; il y en a de tardives, de hâtives, etc. Toutes renferment de la *fécule* analogue à l'*amidon* du blé, et de même valeur nutritive. La proportion de fécule dépend de la variété des tubercules, mais aussi de leur mode de culture, de la nature du sol et des engrais ; elle varie du simple au double, entre 12 et 25 pour 100. C'est la richesse en fécule qui fait la valeur commerciale des pommes de terre.

90. Pulvérisateurs pour la vigne, les pommes de terre, etc.

1, portatif ; 2, à bât, sur grandes surfaces.

La fécule, uniquement formée de carbone, d'hydrogène et d'oxygène, n'est pas la seule substance alimentaire contenue dans la pomme de terre : on y trouve aussi une matière azotée analogue au blanc d'œuf ou *albumine ;* l'expérience suivante permet de constater la présence de l'albumine végétale dans une pomme de terre.

On la réduit en pulpe au moyen d'une râpe, après l'avoir épluchée, et l'on exprime le jus de la pulpe en tordant celle-ci dans un linge ; le liquide obtenu est blanchâtre, parce qu'il a entraîné un peu de fécule qu'on pourra séparer au moyen d'un filtre en papier. Si l'on fait ensuite bouillir, dans un tube à essai, le liquide clarifié, on voit apparaître des flocons grisâtres d'*albumine végétale coagulée.*

En trempant et en comprimant, à plusieurs reprises, dans un peu d'eau, le nouet contenant la pulpe précédemment obtenue, on entraîne une grande partie de la fécule, qui se rassemble, par le repos, en un dépôt blanc.

La conclusion de cette expérience, c'est que la pomme de terre renferme deux substances nutritives importantes : l'une azotée, l'albumine ; l'autre hydrocarbonée, la fécule ; en outre, la pulpe restée dans le nouet, et le liquide où l'albumine s'est coagulée, renferment des sels minéraux, notamment des phosphates. En ajoutant un corps gras à une pomme de terre, on obtient donc un *aliment complet.*

Chauffée à 70 degrés avec du malt ou orge germée, la fécule, comme l'amidon, se transforme en glucose qui peut fermenter et, par conséquent, donner de l'alcool (87).

La culture de la pomme de terre réussit dans les sols profonds, peu humides, bien ameublis et convenablement fumés. Une récolte de *Magnum bonum* ou de *Richter's imperator* s'élevant par exemple à 200 quintaux, soit 300 hectolitres à l'hectare — elle peut s'élever au double — enlève au sol, fanes comprises, environ 100 kilos d'azote, 40 d'acide phosphorique et 175 de potasse. Il convient donc d'incorporer au sol, avant la plantation, une fumure contenant la totalité de ces éléments nutritifs nécessaires à la future récolte. Ordinairement, on se borne à une demi-fumure de fumier de ferme, souvent moins, que l'on complète par des engrais chimiques.

91. Récolte des châtaignes.

Les enveloppes épineuses (*bogues*) du fruit sont enlevées au moyen d'un instrument primitif appelé *ébogueuse* que l'on voit à droite de l'arbre.

La plantation des pommes de terre est un véritable bouturage (30), puisque les tubercules sont des tiges; et il est plus important qu'on ne le pense généralement de les bien choisir : deux pommes de terre provenant du même champ, l'une d'un pied ayant donné un grand rendement, l'autre d'un pied mal venu, ne fourniront sûrement pas la même récolte à égalité de culture; il en est ici comme des semences ordinaires : celles qui proviennent d'un sujet à faible rendement ne donnent le plus souvent qu'une maigre récolte.

Aussi a-t-on conseillé aux cultivateurs de sélectionner les tubercules destinés à la semence par un procédé qui consiste à marquer, dès le mois de juillet, dans le champ de pommes de terre, les pieds à végétation vigoureuse : avant l'arrachage général, on fait une récolte partielle des sujets marqués et on la réserve comme semence (Aimé Girard).

On plante les pommes de terre de mars à mai, le plus souvent à la charrue; sur quelques points de la côte bretonne, où les gelées ne sont pas à craindre, la plantation se fait plus tôt, ce qui donne des primeurs. On emploie ordinairement de 15 à 20 hectolitres de tubercules à l'hectare, ce qui donne de 300 à 400 pieds par are.

Pendant la végétation on donne des sarclages, des binages et un buttage (89-*3*). L'arrachage a lieu quand les fanes sont complètement sèches, c'est-à-dire quand les tubercules ont atteint leur plus grande richesse en fécule. Cette opération s'exécute à la houe fourchue, au buttoir ou au moyen d'une charrue spéciale dont le versoir est à claire-voie.

Les feuilles de la pomme de terre sont souvent attaquées par un champignon, le *phytophtora*, analogue à celui du mildiou de la vigne (84) et qui se combat de même par la bouillie bordelaise répandue au moyen d'un *pulvérisateur portatif* (83) à un ou deux jets (90-*1*) ou, pour les opérations faites en grand, d'un *pulvérisateur à bât* (90-2) ou *à traction*.

Huit jours suffisent au phytophtora pour envahir un champ de pommes de terre et pour en détruire les fanes, c'est-à-dire la récolte entière, puisque la plante se trouve privée de ses feuilles. Deux traitements à la bouillie bordelaise, *appliqués préventivement*, suffisent pour empêcher le mal; c'est-à-dire que, pour une dépense d'un franc, on préserve de la pourriture plus de 100 kilogrammes de pommes de terre.

DEVOIRS ÉCRITS OU INTERROGATIONS

Description botanique d'un plant de pommes de terre; utilisation des divers organes.

Matières alimentaires contenues dans les tubercules.

Culture de la pomme de terre; choix du sol et des engrais.

Façons culturales et récolte d'un champ de pommes de terre.

Maladie des pommes de terre; traitement.

AUTRES QUESTIONS à résumer sur le même chapitre :

Une culture spéciale à la région où se passe l'examen du certificat d'études primaires peut faire l'objet de l'épreuve d'agriculture, sous la réserve indiquée en tête du présent chapitre.

On a dû se borner ici à l'indication du titre des principaux sujets dont le développement présenterait peu d'intérêt pour la majorité des écoles rurales.

Châtaignier; *récolte des fruits* (91); *maladie des arbres; utilisation du bois.* — **Mûrier** *et* **Ver à soie**. — **Olivier** *et* **Huile d'olives**. — **Maïs**; *culture et récolte.* — **Tabac**; *culture, régie.* — **Apiculture**; *etc.*

VI. — PROMENADES AGRICOLES

L'intérêt des visites ou promenades agricoles variera nécessairement d'une région ou même d'un village à l'autre, et il sera parfois difficile de trouver, sur ce chapitre, des questions qui auront pu être étudiées, sur place, par tous les candidats au c. é. p. d'un même canton; les sujets ci-après sont donnés à titre de spécimens de comptes rendus.

44. Labours.

CHOSES VUES. — *Le travail de la charrue, son but, ses effets. Labours en billons, en planches; à plat, charrue brabant double. Labours divers, déchaumage.*

OBSERVATIONS RÉSUMÉES ET CONCLUSIONS. — Les terres affectées aux cultures annuelles (céréales, racines, etc.) sont soumises à des labours qui s'effectuent le plus souvent à la charrue, et dont le principal objet est l'*ameublissement du sol.*

Si l'on examine une charrue pendant son fonctionnement, on constate que la bande de terre coupée verticalement par le *coutre*, horizontalement par le *soc* et à demi renversée par le *versoir*, se trouve ébranlée, désagrégée; elle n'est plus compacte : l'air peut donc y pénétrer de toute part et fournir, aux racines qui s'y allongeront sans résistance, l'oxygène nécessaire à leur respiration.

L'aération du sol par les labours *active la nitrification* des matières organiques azotées, c'est-à-dire les rend plus rapidement assimilables par les plantes.

Un autre effet non moins important des labours, c'est le mélange des engrais avec la terre et leur répartition partout où se développeront les racines.

Quand deux *sillons* contigus sont tracés par une charrue l'un dans un sens, à l'aller, l'autre en sens contraire, au retour, il en résulte un *billon* ou une *dérayure* (92—*c*) selon que le versoir a retourné la seconde bande de terre sur la première ou que les deux bandes couchées en sens contraire ont été séparées. Le billonnage peut être utile dans les terres humides, parce que les dérayures facilitent l'écoulement des eaux; mais ce procédé disparaît de plus en plus devant l'outillage moderne, car il ne permet pas l'emploi des machines perfectionnées, moissonneuses, faucheuses, etc.

Le *labour en planches* comporte seulement une dérayure au milieu de la surface formant la planche, ou une à chacun des deux bords. Avec une charrue ordinaire qui verse toujours la bande de terre du même côté, par exemple à droite, le laboureur trace d'abord les deux sillons extrêmes, celui de droite en allant, celui de gauche en revenant; il continue par les deux sillons voisins, en dedans des deux premiers, et ainsi de suite; le labour se termine, au milieu de la planche, par une dérayure.

La largeur de celle-ci se doublerait l'année suivante si le labour s'exécutait de la même manière, c'est-à-dire en *refendant;* on opère alors en *endossant*, c'est-à-dire en commençant par les deux sillons médians, de manière à renverser l'une contre l'autre, au lieu de les écarter, les deux bandes de terre formant les deux premiers rayons tracés par la charrue.

Dans le but de faciliter l'écoulement des eaux, le labour en planches est souvent bombé, ce qui s'obtient par plusieurs labours successifs exécutés en endossant; mais alors les cultures réussissent bien sur les trois quarts seulement de la surface emblavée, notamment sur la crête bombée où s'accumule la terre, tandis que sur les bas côtés, souvent noyés pendant l'hiver, la récolte reste chétive.

Contre les funestes effets du séjour des eaux sur une emblavure, un bon drainage est le seul remède rationnel. On peut alors *labourer à plat* et utiliser l'outillage moderne.

Dans les *labours à plat*, les bandes de terre sont versées du même côté (92); le champ labouré présente une surface régulière avec une seule dérayure formée par le dernier sillon. Aucun praticien éclairé ne méconnaît les avantages de ce genre de labour : les récoltes, plus régulières, se tiennent plus propres; les céréales sont moins sujettes aux accidents, notamment à l'*échaudage* et à la *verse*.

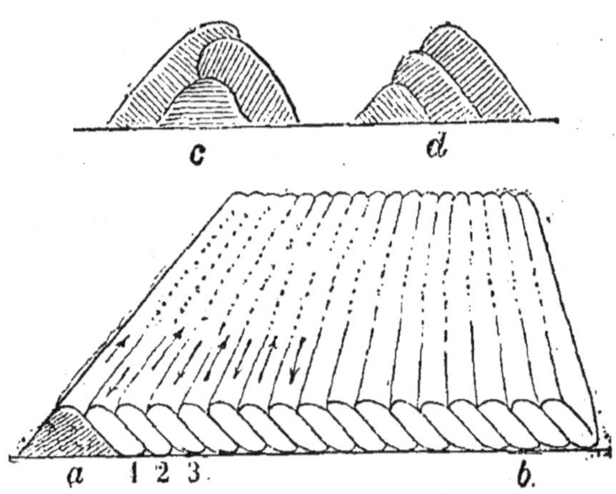

92. Labours à plat *a*, *b*; en billons *c*, *d*.

Pour exécuter un labour à plat, on emploie des charrues permettant de coucher la bande de terre formant le rayon tantôt à droite, tantôt à gauche, à la volonté du laboureur; l'un des meilleurs types de ces charrues est le *brabant double*, voici sa manœuvre :

Le laboureur enraye au bord gauche du champ, par exemple, et verse sa terre à gauche (92— *a*); la première bande renversée, il fait tourner court son attelage à droite pour attaquer la seconde bande; en même temps, il tourne de 180 degrés les deux socs autour de leur axe de manière à substituer l'un à l'autre. La charrue qui versait à gauche avec le premier versoir verse à droite avec le second; mais, comme l'attelage marche en sens inverse, il en résulte que la deuxième bande de terre se renverse contre la première, et dans le même sens (92 — *1*). On continue ainsi (92 — *1*, *2* et *3*) jusqu'à la dernière bande qui laisse une dérayure.

Les progrès agricoles dont le labour à plat offre un bel exemple ne sauraient être réalisés chez les petits cultivateurs où l'outillage est souvent des plus réduits (93), comme du reste les récoltes et surtout

93. Matériel agricole ancien.
A droite, une araire; à gauche, un buttoir et une houe fourchue.

les bénéfices. Mais il ne suffit pas de trouver les moyens d'acquérir une bonne charrue ; il faut en outre se procurer l'attelage permettant

94. Une charrue brabant double en travail.
Si les chevaux manquent, on complète l'attelage par des bœufs ou des vaches.

de l'utiliser : celui qui convient pour une charrue ordinaire, par exemple, doit être renforcé pour un brabant.

Dans les petites exploitations où l'on dispose seulement de deux chevaux, on attelle en outre deux bœufs ou même deux vaches (94).

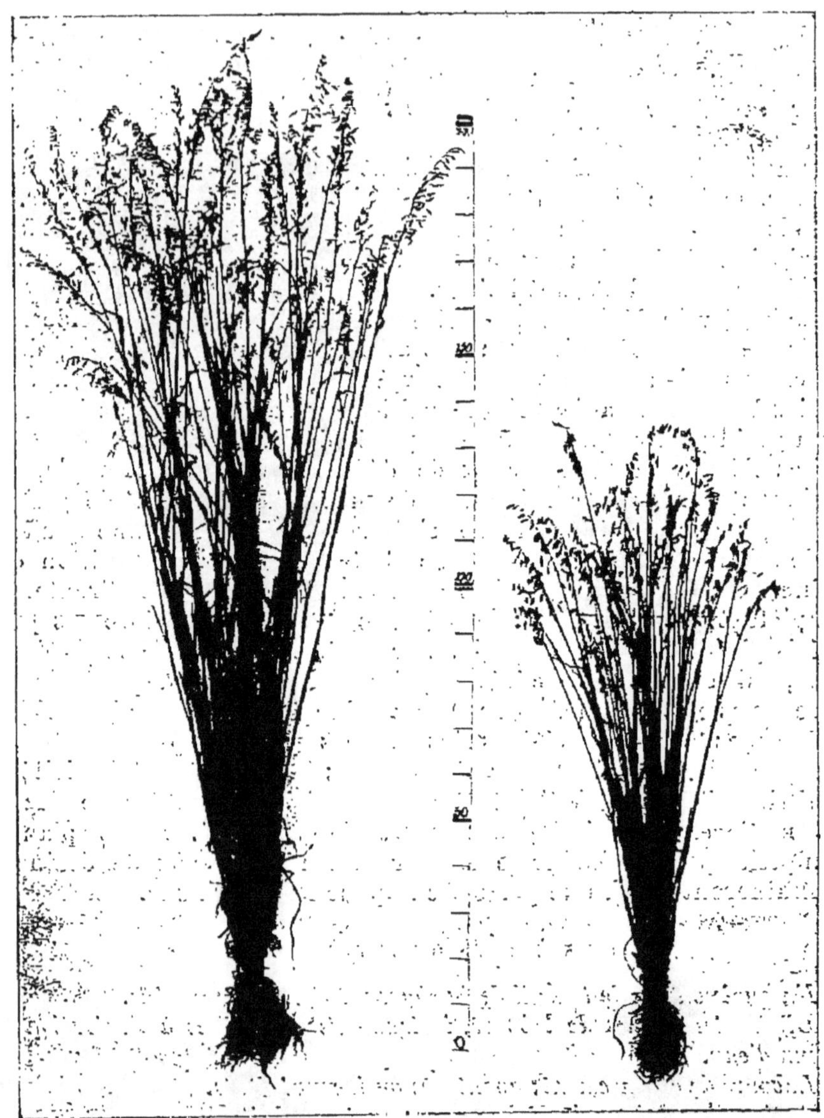

95. Effet d'un labour de déchaumage.

La moitié d'un champ de seigle a été déchaumée en automne et la totalité fumée d'une façon homogène ; on y a semé de l'avoine d'hiver : à gauche, un spécimen de la récolte sur déchaumage ; à droite, sans labour de déchaumage.

L'ameublissement du sol, qui est l'objet principal du labour, ne saurait être obtenu en une seule opération ; aussi la même terre est-elle remuée plusieurs fois dans la même année par la charrue ou, pour les labours peu profonds, par les instruments qui la remplacent (binettes, houes à cheval, scarificateurs, etc.).

Le labour le plus important est celui qui se fait à la veille de l'hiver, parce qu'il expose la terre à l'action désagrégeante des gelées et du dégel; de nombreux agronomes recommandent de le faire précéder du labour dit *de déchaumage :* celui-ci se pratique après la moisson, alors que les attelages sont peu occupés; il enfouit les chaumes et les mauvaises herbes dont les graines pourront encore germer, mais en donnant une végétation que l'hiver fera périr. Il brise la croûte dure et compacte du sol qui a porté la moisson et facilite ainsi la pénétration des eaux pluviales, par conséquent l'exécution du labour profond d'avant l'hiver.

Le labour de déchaumage agit, paraît-il, d'une façon sensible sur la récolte de l'année suivante : une avoine d'hiver, après seigle, dans un champ bien homogène et fumé de même façon (600 kg. de scories à l'hectare) a fourni une paille plus haute de 40 centimètres, et un grain plus abondant, dans la partie déchaumée (95).

Les labours profonds, ceux de défoncement, par exemple, qui atteignent parfois 60 centimètres de profondeur, offrent de grands avantages dans les terres fortes si le sous-sol est de bonne qualité : ils doublent ou triplent le volume de terre mis à la disposition des racines. Parfois même le sol et le sous-sol, de nature différente, se complètent mutuellement : le mélange des deux améliore les propriétés physiques de l'ensemble. Par contre, certains sous-sols compacts, qui n'ont pas été aérés depuis peut-être plus d'un siècle, ne doivent pas être mélangés au sol sous peine d'en diminuer la fertilité.

Dans les terres perméables, les labours profonds présentent souvent plus d'inconvénients que d'avantages : ils provoquent l'activité de la nitrification, c'est-à-dire la transformation en nitrates de l'azote des matières organiques contenues dans le sol. Si les plantes manquent pour assimiler le salpêtre formé, les eaux de drainage l'entraîneront; d'où une perte sèche pour le cultivateur.

DEVOIRS ÉCRITS OU INTERROGATIONS

En quoi consiste le travail de la charrue? Son but, ses effets.

Différentes formes de labours, instruments nécessaires à l'exécution de chacun d'eux.

Labours de défoncement; avantages ou inconvénients.

Action d'un labour de déchaumage; effets produits.

45. Hersages et roulages.

CHOSES VUES. — ***Opérations du hersage et du roulage; instruments employés. But poursuivi, résultats obtenus.***

OBSERVATIONS RÉSUMÉES ET CONCLUSIONS. — En temps humide, la bande de terre retournée par la charrue n'est pas complètement désagrégée ; on le reconnaît à ce que le versoir et le soc y laissent leurs empreintes. Quand vient la sécheresse, les rayons sont remplis de mottes dures et compactes qu'il faut émietter. Le labour peu profond qui accompagne généralement la semaille en brise la plus grande partie s'il est effectué par le beau temps; néanmoins le travail d'ameublissement resterait imparfait si l'on n'avait recours au *hersage* et au *roulage*.

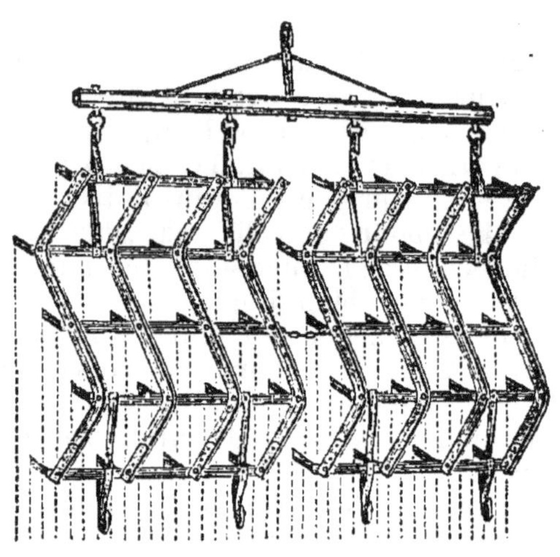

96. Herse articulée.

Les deux jeux de herse sont indépendants l'un de l'autre.

Les dents de la *herse* sont destinées à briser les bandes de terre retournées par la charrue et restées plus ou moins intactes selon la cohésion du sol; en outre, elles extirpent les racines des plantes vivaces, enterrent les semences ainsi que les engrais pulvérulents, favorisent l'aération du sol et la pénétration des pluies.

Les hersages conviennent surtout au moment des semailles; ils complètent les labours de déchaumage; en outre, au commencement du printemps, ils seront utiles pour débarrasser les blés des plantes adventices et favoriser le tallage.

La *herse articulée* (96) est un des meilleurs types parce qu'elle suit mieux les inégalités du sol; elle est formée de deux ou trois jeux de herse indépendants les uns des autres.

97. Rouleau Croskill, à disques inégaux.

L'un des meilleurs pour briser les mottes compactes de terres argileuses.

Le *roulage* a un triple but :

1° Écraser les mottes qui ont résisté au hersage de manière à compléter l'ameublissement; dans les terres argileuses le *rouleau Croskill* (97) effectue un excellent travail;

2° Tasser et comprimer le sol pour favoriser la germination ou le tallage; on conçoit, en effet, que la compression de la terre empêche sa dessiccation et par conséquent maintienne les graines dans les conditions requises pour leur germination; l'opération est le contraire de celle du binage. En outre, sous l'influence des gelées, en raison de l'expansion de la glace, la terre se soulève; au dégel elle s'affaisse et laisse les racines à nu et plus ou moins endommagées : le roulage raffermit le sol et consolide les racines par une sorte de repiquage; il favorise en outre la production des racines adventices et le développement du tallage;

3° Unifier la surface du champ de manière à faciliter plus tard les travaux de la moisson.

DEVOIRS ÉCRITS OU INTERROGATIONS

Comment se complète le travail d'ameublissement commencé par la charrue?

Principaux cas où un hersage est utile.

But du roulage, comment on l'atteint.

46. Défrichements, reboisements.

CHOSES VUES. — *Terres en friches, pâquis communaux; une meilleure utilisation. Défrichement des landes, des forêts; avantages et inconvénients. La montagne boisée.*

OBSERVATIONS RÉSUMÉES ET CONCLUSIONS. — Sous le nom de *friche*, on désigne un sol qui n'a pas été travaillé depuis un grand nombre d'années; il existe en France plus de six millions d'hectares ainsi perdus pour la culture. Ces terrains sont, pour la plupart, propriétés communales, et l'on tient, dans chaque village, à conserver ces maigres pâturages que le bétail peut parcourir en tout temps, et où chacun peut conduire, quand il lui plaît, sa vache, sa chèvre ou ses moutons. Le rendement, comme pâture, et c'est le seul, atteint quelques centimes par habitant; on peut donc dire que les friches communales, comme les autres, ne rapportent rien.

Les populations qui en possèdent le plus sont ordinairement les plus pauvres : certaines communes cependant, grâce à l'initiative de quelques hommes de progrès, ont commencé à les mettre en valeur et peuvent déjà, de ce fait, inscrire à leur budget des revenus appréciables.

Le défrichement des landes de Bretagne, des brandes du Limousin, etc., crée des récoltes là où ne poussaient que bruyères, genêts, ajoncs et fougères; de-ci, de-là, une aisance relative se substitue à la misère : l'opération est donc à recommander à tous les propriétaires de terres en friches, du moins pour celles qui pourront se prêter à la culture. Partout ailleurs, quand il y a seulement un peu de terre végétale, le mieux est de planter des essences forestières qui s'en contentent.

Le défrichement des forêts pratiqué sans discernement, au siècle

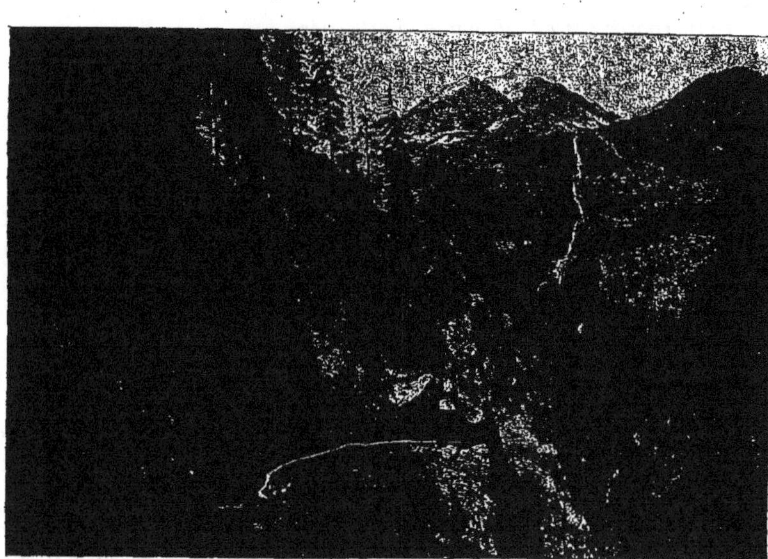

98. La moulagne boisée.

L'arbre fixe les éboulis, consolide les versants, régularise les cours d'eau, maintient frais et verts les gazons en montagne ; il fournit en outre du travail et du chauffage aux montagnards pendant l'hiver.

dernier, doit être l'objet de prudentes réserves. En terrain plat, lorsque la couche de terre cultivable est suffisamment épaisse, un défrichement présente des avantages : l'humus accumulé par la pourriture des feuilles laissées chaque année dans la forêt peut alimenter une suite de bonnes récoltes de céréales, si les réserves d'azote qu'il renferme sont équilibrées par un apport suffisant d'engrais phosphatés.

Par contre, un déboisement serait une opération financièrement mauvaise, et de plus, dangereuse au point de vue de l'intérêt général, si elle était pratiquée sur des surfaces rocheuses ou en terrain exposé au ravinement par les pluies. Les défrichements en montagne en ont malheureusement fourni des preuves trop convaincantes : c'est à eux qu'il faut attribuer la soudaineté et la violence de certaines crues désastreuses de nos grands fleuves.

La montagne boisée (98) prévient ce genre de catastrophes : la terre où s'enchevêtrent des racines profondes se maintient sur les pentes; elle ralentit, si elle ne le supprime, le ruissellement, parce que, formant éponge, elle emmagasine les eaux pluviales pour ne les distribuer ensuite que lentement, ce qui régularise le débit des cours d'eau.

Le reboisement des montagnes incomplètement dénudées ne saurait être trop encouragé; on l'a commencé sur divers points du Massif central, du Jura, des Alpes, etc. : on pourrait citer de nombreuses pépinières communales contenant des milliers de plants forestiers destinés au reboisement, et que les écoliers eux-mêmes plantent dans la montagne, sous la conduite de leur instituteur.

DEVOIRS ÉCRITS OU INTERROGATIONS

A quoi servent les terres en friche? Comment on pourrait en tirer des revenus.

Avantages et inconvénients du défrichement des forêts.

Établir une comparaison entre la montagne dénudée et la montagne boisée.

47. Alimentation du bétail.

CHOSES VUES. — ***Le bétail dans une exploitation agricole, sélection. Nature, préparation et distribution des aliments.***

OBSERVATIONS RÉSUMÉES ET CONCLUSIONS. — Le bétail a été longtemps considéré en agriculture comme un *mal nécessaire;* nécessaire pour la production du travail, du lait et du fumier, mais donnant peu ou point de bénéfices. Aujourd'hui l'opinion est modifiée par les faits : *le bétail est,* dit-on, *l'âme de la ferme;* il est en effet la source des plus importants profits de l'exploitation s'il est sélectionné d'abord, bien entretenu ensuite.

Il en est de l'élevage des animaux comme de la culture des végétaux : la sélection s'impose dans le choix du bétail à élever comme dans celui des arbres à planter ; tout animal dont le bon développement est douteux tient autant de place et exige le même entretien qu'un sujet de belle venue ; et ce serait une mauvaise opération financière de vendre celui-ci pour garder celui-là. Non seulement un bétail de choix s'impose pour que l'élevage soit rémunérateur, mais une alimentation et une hygiène rationnelles ne sont pas moins indispensables.

De deux chevaux semblables, ou de deux bœufs de labour, inégalement alimentés, c'est *le mieux nourri* qui fournit *le plus de travail* et à *meilleur marché*.

Une partie des aliments consommés sert à l'entretien de la chaleur animale ; l'autre concourt soit à l'accroissement de la bête si elle est jeune ou à l'engrais, soit à la production du lait chez une vache laitière, soit du travail pour un animal de trait. La première partie est suffisante si la bête ne s'accroît plus et ne produit rien : on l'appelle *ration d'entretien ;* la seconde, *ration de production*. La première est fixe pour un animal donné, dans les mêmes conditions ; l'autre augmente nécessairement avec la production.

Le calcul des rations alimentaires du bétail est un problème délicat et difficile à résoudre ; il est utile toutefois d'en connaître les données : la pratique et l'observation aidant, l'agriculteur intelligent peut mesurer l'alimentation de son bétail de façon à ce qu'elle soit abondante, profitable et sans perte.

Les produits végétaux (foins, graines, racines, etc.) qui constituent la nourriture du bétail renferment : 1° des matières *azotées* telles que le *gluten* et l'*albumine végétale* destinées principalement à la formation ou à la réfection des tissus charnus ; 2° des substances *hydrocarbonées* jouant surtout le rôle de combustibles entretenant la chaleur animale, telles la *cellulose*, l'*amidon*, la *fécule*, le *sucre* et, en plus petite proportion, les *matières grasses ;* 3° enfin les substances minérales nécessaires à la formation du squelette, etc.

Une partie seulement de la nourriture absorbée par un animal est assimilée, c'est-à-dire passe dans le sang ; le reste va aux déjections. On a déterminé, pour chaque aliment, sa teneur en matières nutritives et la proportion de ce qui en est assimilable, ce qui permet, connaissant la dépense d'un animal, en chaleur et en travail, d'établir sa ration alimentaire. Malheureusement les chiffres portés aux tableaux d'analyses ne sont que des moyennes qui ne s'appliquent pas, par conséquent, à toutes les récoltes de même nature. Le foin récolté chaque année dans le même pré n'a pas la même composition et, par suite, sa valeur nutritive varie d'une année à l'autre ; si donc on lui appliquait, dans le calcul d'une ration, les *chiffres moyens* du tableau, on s'exposerait à commettre des erreurs pouvant varier du simple au double.

Dans les grandes exploitations pourvues d'un laboratoire, à la Compagnie parisienne des petites voitures ou des omnibus, par exemple, l'analyse des fourrages et des graines permet d'établir rigoureusement les rations réparties dans les musettes des cochers, ou consommées au remisage; mais on conçoit qu'un pareil calcul, nécessitant de nombreux dosages, ne puisse se pratiquer dans la petite culture. Néanmoins les renseignements fournis par les tableaux d'analyses permettront, à tout agriculteur instruit, d'établir un point de départ pour la composition des rations destinées à son bétail; l'observation et la pratique feront le reste.

Toute modification brusque dans l'alimentation animale amène des indispositions plus ou moins graves. Lorsqu'on substitue, après l'hiver, de l'herbe fraîche à du foin sec, il convient de procéder par transition lente, sans quoi les animaux souffrent, maigrissent et fournissent moins de travail, le rendement des vaches laitières diminue, etc. On évite ces inconvénients en mélangeant d'abord une petite quantité du nouveau fourrage à l'ancien, puis en augmentant progressivement la dose du premier jusqu'à la suppression complète du second. Dans le *sevrage* des jeunes animaux, il faut agir de même, c'est-à-dire sans à-coups.

Une bonne alimentation est surtout nécessaire aux animaux pendant leur période de croissance; si cette alimentation se trouve réduite à une ration d'entretien, les matériaux de construction font défaut et le développement s'arrête. Le retard qui en résulte ne se rattrape jamais complètement par la suite.

Dans le but d'assurer une meilleure utilisation des aliments, on leur fait souvent subir, avant de les distribuer au bétail, une préparation qui a pour objet de les diviser, par suite, d'en faciliter la mastication et la digestion : c'est ainsi qu'on soumet à la cuisson les pommes de terre, les haricots, etc., que l'on concasse le maïs, qu'on taille les betteraves en cossettes, qu'on hache la paille, etc.

Enfin on ajoute, comme condiment à ces différentes préparations, un peu de sel marin qui excite l'appétit des animaux et conséquemment les entretient en bonne santé.

DEVOIRS ÉCRITS OU INTERROGATIONS

Choix du bétail dans une exploitation agricole.

En quoi consiste l'alimentation du bétail? Principes nutritifs contenus dans les aliments.

Qu'entend-on par ration d'entretien, par ration de production?

Soins particuliers à apporter dans l'alimentation en général et spécialement dans celle des jeunes animaux.

Utilité de la division (broyage, découpage, etc.) de certains aliments avant leur distribution au bétail; moyens d'opérer cette division.

48. Hygiène des animaux domestiques.

CHOSES VUES. — *Application de la loi Grammont. Installation défectueuse de la plupart des écuries, étables, etc., dans les petites exploitations. Conditions hygiéniques; soins d'entretien négligés. Écuries modèles.*

OBSERVATIONS RÉSUMÉES ET CONCLUSIONS. — Les bons traitements sont aussi nécessaires au bétail que la bonne nourriture.

Il est souverainement inhumain de maltraiter les animaux, et

99. Un premier progrès.

Le sol de l'écurie est rendu étanche par un pavage sur argile; une rigole en pente douce conduit les liquides non absorbés par les litières dans la fosse à purin voisine du fumier.

toute personne qui assouvit sa colère sur l'un d'eux est une brute. La loi Grammont, qui date de 1850 et qui n'est pas abrogée, punit d'une *amende de 5 à 15 francs* et d'un *emprisonnement de un à cinq jours ceux qui auront exercé publiquement de mauvais traitements envers les animaux domestiques.*

Heureusement, les propriétaires de bestiaux sont rares qui s'exposent aux rigueurs de cette loi. Mais, si un grand nombre d'entre eux reconnaissent les services rendus par les animaux domestiques, et ne sont pas insensibles à leurs souffrances, s'ils savent même les traiter avec douceur et se les attacher par une sorte de reconnaissance, la plupart ignorent encore les conditions hygiéniques indispensables à l'installation des étables ou écuries dans lesquelles le bétail passe souvent plus de la moitié de son existence.

Tout d'abord, on doit savoir que les animaux ont besoin, comme nous, pour se bien porter, de respirer un air pur. Chaque tête de gros bétail, par exemple, devrait disposer, pendant son repos et suivant sa taille, de 20 à 30 mètres cubes d'air. Et cet air aurait besoin d'être renouvelé.

Que dire des écuries à plafond bas — quand il y en a un, autre que la couverture servant de toit — sans fenêtre, c'est-à-dire sans éclairage ni aération, où chaque animal dispose d'un cube d'air aux

100. Étable modèle.

Une cloison à claire-voie sépare la stalle de la mangeoire ; les animaux passent leur tête par les ouvertures pratiquées dans la cloison et ne peuvent gaspiller leur fourrage. Des fenêtres à vasistas assurent l'aération ; et des prises d'eau, l'abreuvement et les lavages. (Exploitation de M. G. Moreau à Villiers-St-Benoît, Yonne.)

trois quarts insuffisant et où la place même lui manque pour se coucher à l'aise et se reposer! Ici, le sol en terre plus ou moins battue présente des creux transformés en cloaques par l'urine qui s'y accumule ; là, il est en contre-bas et les animaux restent plongés dans une atmosphère irrespirable formée, pour une grande part, des produits de la respiration et des émanations du fumier ; ailleurs la mangeoire et même le ratelier font défaut, la nourriture posée à même sur la litière s'imprègne des déjections des animaux voisins, sains ou malades, en tout cas se mêle partiellement au fumier.

Lorsqu'une maladie se déclare dans de semblables bouges, les germes morbides s'y conservent longtemps ; on cite des écuries où la tuberculose atteint tous les bovidés qu'on y loge; souvent même la contamination s'étend à la famille du cultivateur.

Il est juste de reconnaître que, dans les exploitations où l'élevage prend quelque importance, on se montre plus soucieux de la bonne installation du logement des animaux. Les écuries recevant plusieurs chevaux présentent un sol rendu étanche par un pavé jointoyé au ciment, légèrement incliné vers une rigole aboutissant à la fosse à purin voisine du fumier (99). Le foin tombe du grenier dans des rateliers munis de mangeoires disposées de manière à éviter, autant que possible, les pertes de fourrages ou autres substances alimentaires.

Dans les étables modèles (100) les aliments sont disposés de telle sorte que leur gaspillage est impossible. L'aération est assurée par des vasistas s'ouvrant par le haut de façon à ne jamais amener directement l'air froid sur les animaux. Les murs bien crépis, le sol parfaitement étanche, sont d'un lavage facile, ce qui permet une désinfection complète une fois ou deux l'an.

Les soins de propreté profitent à tout le bétail; ils sont indispensables à celui qu'on veut engraisser. Tous les éleveurs savent que, si les fonctions de la peau sont assurées et activées par de fréquents lavages, l'animal engraisse plus vite que si on le laisse dans la malpropreté. *Un coup d'étrille,* dit un vieux proverbe, *vaut un picotin d'avoine.*

DEVOIRS ÉCRITS OU INTERROGATIONS

A quoi s'exposent ceux qui maltraitent les animaux?

Soins de propreté nécessaires aux animaux domestiques; pourquoi et comment il faut les leur donner.

Décrire succinctement une écurie, une étable ou une bergerie mal tenue indiquer les principales défectuosités et les moyens d'y remédier.

Visite d'une étable modèle; compte rendu succinct.

49. La basse-cour.

CHOSES VUES. — *Ressources offertes par la basse-cour au ménage. Cour et basse-cour; utilité de séparer l'une de l'autre. Soins hygiéniques réclamés par le poulailler.*

OBSERVATIONS RÉSUMÉES ET CONCLUSIONS. — La basse-cour, où s'élèvent les volailles, les lapins, etc., est une source de profits qu'une fermière économe et avisée ne néglige jamais; le poulailler fournit les œufs que réclame journellement la cuisine; le clapier complète parfois certains menus ; en outre, l'engraissement des poulardes, des canards, des oies ou des dindons apporte un appoint appréciable au budget du ménage.

Dans une exploitation agricole soignée, la *cour* et la *basse-cour* sont deux choses distinctes. Le plus souvent, en petite ou moyenne culture les volailles sont laissées en liberté dans la cour même, où on leur distribue une nourriture généralement insuffisante et qu'elles cherchent à compléter en grattant partout, et surtout les fumiers où se trouvent quantité de graines échappées plus ou moins à la digestion : il en résulte un éparpillement qui favorise l'évaporation des sels ammoniacaux.

D'autres inconvénients non moins graves résultent de cette liberté laissée aux volailles d'aller et venir presque partout, non seulement sur les fumiers, mais dans les granges, les écuries, etc. : il n'est pas rare de ramasser une poule écrasée ou estropiée dans une étable ; on trouve plus fréquemment, dans les mangeoires et râteliers, des plumes qui causent de graves accidents si elles sont ingérées par le bétail. Enfin la fiente de volaille répandue un peu partout dans la cour et entraînée par la pluie sera l'un des plus sûrs véhicules des épidémies qui éprouvent si souvent l'agriculteur.

Une installation spéciale d'un poulailler avec clôture supprimera la plupart des inconvénients signalés; elle permettra en outre de parquer les pondeuses de manière à éviter la perte de leurs œufs.

Une poule bien nourrie donne, en moyenne, une centaine d'œufs annuellement; ce chiffre peut s'élever à 150, pour les bonnes pondeuses.

Le nombre des œufs à couver par une poule ne dépasse guère la douzaine; l'*incubation dure 21 jours* et tourne ordinairement à bien si elle se fait dans un endroit tranquille où la couveuse n'est pas dérangée.

Les étuves désignées sous le nom de *couveuses artificielles* peuvent recevoir à la fois 50 œufs et plus; la réussite est toujours certaine avec des œufs frais, sûrement fécondés, si la température a été maintenue *continuellement à 40 degrés* pendant les 21 jours : les poussins brisent leur coquille et cherchent à manger presque aussitôt.

La nourriture des poules comprend un grand nombre de substances qui resteraient inutilisées sans les volailles : grains de blé, d'orge, et résidus séparés par le trieur (73), sarrasin, pommes de terre et fruits avariés, végétaux tendres, etc.

Les poules doivent trouver en outre, sur le sol où elles séjournent, des graviers calcaires nécessaires à la formation de la coquille de leurs œufs et surtout à la digestion des graines sur lesquelles ils agissent dans le gésier à la façon de meules.

Des soins hygiéniques sont nécessaires aux volailles comme aux autres animaux de la ferme. Une propreté méticuleuse est un des meilleurs garants contre les maladies épidémiques et contre la vermine qui envahit si facilement les poulaillers. La fermentation des excréments doit être évitée; il faut donc les enlever fréquemment, tous les trois ou quatre jours en été, une fois au moins chaque semaine en hiver.

Un badigeonnage de lait de chaux, au printemps, et deux ou trois pendant la belle saison suffisent pour détruire la vermine; on recommande la bouillie bordelaise comme beaucoup plus efficace que la chaux seule.

DEVOIRS ÉCRITS OU INTERROGATIONS

A quoi sert la basse-cour, comment on doit l'installer et pourquoi?

Incubation naturelle, incubation artificielle; comparaison et conditions de réussite.

Nourriture donnée aux poules; produits de leur élevage.

Soins à donner au poulailler.

50. La laiterie.

CHOSES VUES. — ***Nécessité d'une propreté méticuleuse dans toute manutention du lait. Mauvaises habitudes à combattre. Composition du lait; fromages gras, fromages maigres. Fabrication du beurre.***

OBSERVATIONS RÉSUMÉES ET CONCLUSIONS. — La production du lait, la fabrication du beurre et du fromage constituent une industrie importante dans certaines fermes, et il n'est pas de petite culture qui ne possède au moins une vache laitière. Une laiterie, grande ou petite, ne donne des bénéfices qu'à une condition expresse : une propreté méticuleuse dans la manutention de tous les produits.

Sans doute, le choix des vaches laitières et celui de leur alimentation auront une influence prépondérante sur la quantité et la qualité des produits; mais c'est là surtout une question de zootechnie.

L'application de connaissances plus simples, du domaine de tous, commence avec la traite de la vache. Trop souvent on semble ignorer, à la campagne, les principes les plus élémentaires de l'hygiène des animaux domestiques; on supprime tout pansement pour les vaches, on les laisse se coucher dans leurs déjections et, avant de les traire, le pis sommairement nettoyé est pressé avec des mains sales.

Le lait absorbe les odeurs avec la plus grande facilité; cependant on le laisse séjourner au voisinage de litières dégageant des vapeurs empestées. Avant la traite, une bonne aération est nécessaire pour chasser les mauvaises odeurs aussi bien que les mouches; en lavant les mamelles, il convient de passer l'éponge ou le linge mouillé sous le ventre de la vache pour fixer ou enlever les poils qui pourraient souiller la traite entière; dans un but analogue, quelques laitières lient la queue de l'animal à sa cuisse.

La traite doit être faite *à fond* deux ou trois fois par jour et le lait porté immédiatement à la laiterie.

Tous les ustensiles, seaux, bidons, cruches, etc., ayant contenu du lait doivent être l'objet d'un nettoyage parfait et passés à l'eau *bouillante*. Aussitôt en contact avec l'air, le lait reçoit les microbes bienfaisants ou malfaisants qui le transforment rapidement par la fermentation de ses éléments.

Qnand on abandonne le lait au repos, il se sépare en trois parties distinctes qui se superposent par ordre de densité, ainsi qu'on peut s'en rendre compte en laissant pendant quelques jours, dans une éprouvette de verre (verre de lampe fermé d'un bouchon), du lait prélevé sur la traite : la *crème* monte à la surface, au-dessous se trouve le *lait caillé* qui baigne dans le *petit-lait*.

La crème sert à faire le *beurre;* le lait caillé égoutté donne du *fromage maigre;* le petit-lait, de teinte jaunâtre, tient en dissolution du sucre appelé *lactose* et divers sels minéraux, notamment du *phosphate de chaux*. La *caséine* du lait caillé étant une matière azotée comme l'albumine des œufs, il en résulte que le lait constitue un aliment complet.

C'est la crème (matière grasse émulsionnée) qui donne sa teinte au lait frais où le caséum n'est pas encore coagulé. Le caséum ou caséine ne se coagule pas, comme l'albumine, par la chaleur seule, mais il suffit de quelques gouttes d'un liquide acide pour déterminer sa prise en masse. Or le lait abandonné à l'air reçoit des ferments qui transforment rapidement son sucre en acide : d'où coagulation. Si celle-ci est produite artificiellement avant que la crème ait eu le temps de se séparer, elle reste emprisonnée dans le lait caillé; c'est ainsi qu'on prépare les *fromages gras*, en provoquant la coagulation du lait frais par addition d'une substance acide, la *présure*, préparée avec la *caillette* de l'estomac des jeunes veaux.

On comprend pourquoi les laitiers doivent *ébouillanter* les cruches destinées à porter le lait à leur clientèle : le lait de la veille resté adhérent s'est aigri et la quantité d'acide formé peut être suffisante pour provoquer la coagulation du caséum sous l'influence de la chaleur; alors, quand on le chauffe pour le faire bouillir, *le lait tourne*.

En vieillissant, la crème se couvre de moisissures verdâtres d'une saveur amère qui se communique au beurre; aussi l'usage des *écrémeuses* se répand-il de plus en plus. Ces appareils permettent de séparer la crème du reste du lait aussitôt après la traite. On pourrait la transformer immédiatement en beurre sans crainte de moisissures; on obtiendrait un produit franc de goût, mais dépourvu de cet arome rappelant celui de noisette qui en augmente la saveur et surtout la valeur marchande. Pour donner du beurre de première qualité, la crème doit subir un commencement de fermentation, une *maturation* développant les qualités du produit.

Les globules graisseux formant la crème, invisibles à l'œil nu, sont séparés les uns des autres par le *lait de beurre* (babeurre) qui les entoure; en les fouettant les uns contre les autres, on parvient, par des chocs répétés, à les agglomérer en petites granulations visibles qui grossissent ensuite rapidement et se réunissent en masses compactes; l'opération s'exécute dans une *baratte*.

On malaxe ensuite à la main ou à l'aide de *malaxeurs* mécaniques la masse de beurre obtenue, de manière à éliminer tout le lait de beurre. Enfin on moule le beurre en pains plus ou moins volumineux pour le marché.

Le lait de beurre renferme toujours un peu de caséum, par conséquent des matières azotées susceptibles de fermentation putride; il faut donc en laisser le moins possible dans l'opération du malaxage, sans quoi il en résulterait un autre inconvénient que celui de sa mauvaise odeur: la provocation d'une fermentation du beurre lui-même qui se transforme partiellement en *acide butyrique*. Or il suffit d'une très faible quantité de celui-ci pour communiquer à toute la masse l'odeur de beurre *rance*.

La conservation du beurre est assurée, au moins pour quelques mois, par la fusion au feu qui permet l'élimination complète de tout ce qui peut rester de caséum; l'addition d'un peu de sel est recommandée. La ménagère peut ainsi mettre en réserve une partie du beurre d'été, alors que le prix en est moins élevé, pour assurer sa provision d'hiver.

DEVOIRS ÉCRITS OU INTERROGATIONS

Énumérer les mauvais procédés suivis au village, et ceux qu'il faut leur substituer :

dans la traite des vaches,
dans le traitement du lait,
dans la séparation de la crème et la fabrication du beurre.

***

AUTRES QUESTIONS, à résumer, sur le même chapitre.

Compte rendu succinct *d'une visite à une étable, une écurie, une bergerie, un poulailler, un clapier, un rucher, une fromagerie.*

Examen, à la boucherie, de l'estomac d'un ruminant.

TABLE DES MATIÈRES

RÉGLEMENTATION OFFICIELLE

Arrêté du 27 juillet 1908, v. — Circulaire du 10 août 1908, vi. — Circulaire du 12 janvier 1898, vi. — Circulaire d'envoi de l'Instruction officielle, viii.

Instruction officielle du 4 janvier 1897.

	Pages.
Enseignement des notions élémentaires d'agriculture dans les écoles rurales	IX
Directions pédagogiques	IX
Emploi du temps	X
Commentaire du programme officiel	XI
Cours moyen (1re année)	XII
Les trois états des corps	XIII
Les animaux	XIV
L'homme	XV
Les végétaux	XV
Premières notions agricoles	XVII
Cours moyen (2e année)	XVII
Notions scientifiques	XVII
Notions agricoles	XVII
Cours supérieur	XVIII
Les animaux	XVIII
L'homme	XIX
Notions de physique	XIX
Notions de chimie	XIX
Les minéraux	XX
Agriculture et horticulture	XX
Cultures démonstratives	XX
Champ de démonstration	XXVI
Promenades agricoles	XXVIII
Conclusions	XXIX

Le jardin scolaire, xxx. — *Choix des sujets d'agriculture* XXXI

50 SUJETS : QUESTIONS ET RÉPONSES.

I. Végétaux cultivés.

1. Germination 3
2. Vie et nourriture de la plante. 4
3. Racines 7
4. Tiges 10
5. Feuilles 12
6. Fleurs 15
7. Fructification 18
8. Fruits et graines 19

II. Le sol.

9. Terre végétale 22
10. Calcaire et chaux 24
11. Terreau et humus 25
12. Pouvoir absorbant du sol .. 27
13. Nitrification 29
14. Irrigations; drainage 31
15. Assolement 33

III. Les engrais.

16. Nécessité des engrais 36
17. Production du fumier 41
18. Le fumier au village 43
19. Fumier bien tenu 46
20. Le purin 48
21. Matières fertilisantes perdues. 50
22. Emploi rationnel du fumier . 51
23. Valeur du fumier 53
24. Engrais complémentaires... 55
25. Achats d'engrais commerciaux 58
26. Mélanges d'engrais 60
27. Engrais verts 62
28. Balance entre la récolte et l'engrais 63

IV. Le jardin.

29. Cultures démonstratives ... 65
30. Couches à primeurs 69
31. Menues façons du sol 72
32. Arbres fruitiers 74
33. Greffage 76
34. Ennemis et amis du jardin. . 78

V. Cultures régionales.

35. Semences et semailles 81
36. La moisson 85
37. Prairies et fenaison 87
38. Viticulture 90
39. Vignes phylloxérées 92
40. Maladies de la vigne 97
41. Vendange et vinification ... 101
42. Cidre, bière, eaux-de-vie. .. 103
43. Pomme de terre 106

VI. Promenades agricoles.

44. Labours 110
45. Hersages et roulages 114
46. Défrichements, reboisements. 116
47. Alimentation du bétail 118
48. Hygiène des animaux domestiques 121
49. La basse-cour 123
50. La laiterie 125

Imp. Larousse, 17, rue Montparnasse, Paris.

Paris. — Imp. Larousse, 17, rue Montparnasse.

www.ingramcontent.com/pod-product-compliance
Lightning Source LLC
LaVergne TN
LVHW020314230826
846091LV00003B/670

9782014436983